PUBLIC FACILITES
AND
ENVIRONMENTAL ART
DESIGN

公共设施与环境艺术设计

安秀 编著

中国建筑工业出版社

图书在版编目(CIP)数据

公共设施与环境艺术设计/安秀编著. —北京：中国建筑工业出版社，2007
 ISBN 978-7-112-08566-8

Ⅰ.公... Ⅱ.安... Ⅲ.城市公用设施—环境设计 Ⅳ.TU984.14 TU-856

中国版本图书馆 CIP 数据核字(2006)第 163923 号

责任编辑：唐　旭　焦　斐
责任设计：崔兰萍
责任校对：王　侠　王雪竹

公共设施与环境艺术设计
PUBLIC FACILITES AND ENVIRONMENTAL ART DESIGN
安秀　编著
*
中国建筑工业出版社出版、发行(北京西郊百万庄)
各地新华书店、建筑书店经销
北京天成排版公司制版
北京建筑工业印刷厂印刷
*
开本：787×960 毫米　1/16　印张：13⅛　字数：330 千字
2007 年 1 月第一版　2016 年 9 月第五次印刷
定价：**36.00** 元
ISBN 978-7-112-08566-8
　　(15230)

版权所有　翻印必究
如有印装质量问题，可寄本社退换
(邮政编码 100037)
本社网址：http://www.cabp.com.cn
网上书店：http://www.china-building.con.cn

目 录

- 001 **第一章 绪论**
  - 第一节 公共设施设计与环境的概述
    - 一、公共设施与环境设计的源流与发展
  - 002 二、公共设施设计与环境艺术的关系
  - 003 三、公共设施设计与环境艺术的作用和意义
  - 005 第二节 公共设施设计的基本原则
    - 一、以人为本的设计理念
  - 007 二、继承与创新的设计原则
  - 011 三、可持续开发的生态绿色设计原则
  - 016 四、注重科技发展的设计原则

- 019 **第二章 公共设施与环境设计的特点和构成**
  - 第一节 公共设施与环境设计的特点
    - 一、公共设施设计具有区域性的特点
  - 020 二、公共设施设计具有多元化的特点
    - 三、公共设施设计具有文化背景的特点
  - 023 第二节 公共设施与环境设计的构成
  - 024 一、公共设施设计在商业环境中的构成
  - 028 二、公共设施设计在教育环境中的构成
  - 033 三、公共设施设计在城市花园中的构成
  - 036 四、公共设施设计在住宅小区中的构成

- 039 **第三章 环境设施设计的要素及工作计划**
  - 第一节 公共设施的设计要素
    - 一、功能与安全要素
  - 057 二、视觉与空间要素
  - 093 三、环境与精神要素
  - 100 第二节 公共设施设计的工作计划与目标
    - 一、项目的确定和书面策划
  - 103 二、设计前的市场调研与分析
  - 108 三、公共设施设计的阶段性
  - 110 四、绘制构思草图、效果图及设计创意说明

| 115 | 五、完成模型制作及实际评估 |

第四章 公共设施与环境设计的分类

	第一节 公共信息传播设施
119	一、公共信息系统设施设计的概念
120	二、公共信息系统设施的设计特征
121	三、公共设施系统设计的综合处理
	四、公共信息系统设施的设计内容
132	第二节 公共卫生设施系统的设计
	一、公共卫生设施设计与人机工学
134	二、公共卫生设施的设计功能体现
143	第三节 公共休息服务设施的设计
	一、公共休息设施中坐具的设计
145	二、凉亭、棚架的设施设计
147	三、服务性管理设施设计
149	四、娱乐活动设施设计
156	第四节 公共照明设施系统设计
158	一、道路照明(路灯、反光灯)
	二、环境照明(广场射灯、地灯、草坪灯等)
160	三、装饰照明(广告灯箱、霓虹灯等)
162	第五节 公共环境交通设施的设计
	一、公交车站、地铁车站
163	二、隔离带、路障设施
164	三、车辆停放、加油站设施设计
169	四、自动售票机及打卡机设施

第五章 城市管理及无障碍设施的设计

171	
	第一节 城市管理设施的设计
	一、公共消防设施
	二、排气口及管理亭
172	三、路面盖具设施的设计
174	第二节 无障碍环境设施设计
175	一、公共设施无障碍设计的主要内容
179	二、国际康复协会无障碍设计的标准
180	第三节 创造卫生、健康、安全、文明的城市环境
	一、城市环境的空间构成
181	二、公共环境空间与人行为的关系

182	三、公共环境中人的心理活动与行为活动
183	四、城市形象的静态识别
184	五、城市环境的"公共意识"
186	六、公共设施的设计与管理

187	**第六章 公共设施与环境艺术图例**
209	**后记**
210	**参考文献**

第一章 绪论

第一节 公共设施设计与环境的概述

一、公共设施与环境设计的源流与发展

从公共设施设计上来解释空间,是指被三维物体所围成的区域。公共设施设计通常分为外部空间和内部空间,环境空间就是在这样的外部空间和内部空间中进行设计而创造出满足人们的意图与功能的积极空间。公共设施设计是把"大空间"划分成不同环境、不同意义的"小空间",又将"小空间"还原到"大空间"中去。这从美学的角度来理解是对立与统一、统一与变化的设计表现方法。

公共设施空间设计,除了要注意视觉的统一与变化外,更重要的是满足人在精神与生理上的需求。在不同的空间中畅想,创造出满足人们追求的积极空间,这就是公共设施空间畅想的主题。空间的定义有两个层面:一是由三维物体所包含的范围区域;二是制造出特定范围中心的"引力"空间。公共设施空间设计就是运用这两种层面充分地表达出人们心理和生理上所需的公共环境空间。

公共环境设施设计就是要在一定的环境空间里无限地"畅所欲言",将自己的全部思考与设想都充分地表达出来。在表达中必须始终与环境空间条件相适应和协调,以人们的安全、健康、舒适、效率的生活基准为目标,从中构想和表现出不同的环境设施,表达出强烈的时代精神和文化气息,以及现代设施的综合、整体、有机的创新观念。

公共环境设施是城市空间环境中不可缺少的整体要素,每个环境中都需要特定的设施,它们构成氛围浓郁的环境内容,体现着不同的功能与文化气氛,是人们活动的空间装置与依附。当公共设施与经济、社会文化因素结合,方能变潜在环境为有效环境。当公共设施设计由单体设计转向群体和整体设计领域,就从社会空间构成角度增强了城市规划、环境空间设计的力量。

公共环境设施充实了城市空间的内容,代表了城市空间的形象,反映了一个城市特有的景观面貌、人文风采;表现了城市的气质和风格,显示出城市的经济状况,是社会发展和民族文明的象征。公共设施具有强烈的审美价值。随着社会的发展,生活方式的改变,思维方式的活跃,交往方式的改变提高,现代人在期望现代物质文明的同时,也渴求精神文明的滋润。环境设施在高度文明的社会环境创造中,发挥着极其重要的作用。

公共环境设施不仅给人们带来了舒适、方便的生活,也是城市风貌的高度概括,给人们留下的是深刻印象和诗般的回忆。当今,科学技术突飞猛进,信息传递方式的变化促进了环境设施的发展,其特征是从旧体系转变为"信息化"体系。环境设施在城市机能的各类构成要素中与环境因素的"空间信息、时间"等关系互换而具有一定的环境价值。经济发展的多元化,城市形象的多样化,也促进及导致了环境设施的多样化。每个环境都有不同功能的区域要求,设计需要在这样的要求中去发展畅想,这就

是如何掌握设计的原理以及如何运用原理去发挥出色的表现力。

公共设施设计的基本目的是为知识经济时代人类的栖居聚集生活创造一个优美、高效、舒适、科学的环境及优良、优质的双向沟通与互动的渠道空间。公共设施设计涉及众多学科、众多行业和众多部门，它并非是一个独立的学科。确切地说，公共设施设计是一种概念、一种意识、一种人类历史发展到今天的必然产物。概念是人逻辑思维的产物，是人对事物特征与规律的抽象总结。人不断产生概念的目的是使其能够发挥出更大的思维能力的优势；概念作为反映事物一般规律和特征，就是将特殊经验纳入一般规则，通过分类、类比、概括、定义等寻求其对未来的指引功效。

二、公共设施设计与环境艺术的关系

公共设施设计是知识经济时代和信息社会的新生事物。其核心学科有环境艺术设计、视觉传达设计、工业产品设计、绘画、雕塑等，属于公共设施学、艺术学、机械学等学科下的二级学科。这些学科与城市管理、城市设计、生态环境学、社会学、心理学、行为学、美学、人类工程学和传播学有直接的关联。

显而易见，公共设施设计不是也不可能是一门学科，而是当代信息社会、城市经济和社会发展综合因素催生下的一种行为，是新旧世纪交替之际人类对美好生活问题的醒悟，并逐步开始产生和树立的一种意识，表现出对信息环境的关心和对城市环境建设的关注以及所承担的责任和义务。因此，从业人员要努力培育自己的社会及环境道德，积极参与各种公共艺术设计活动，以实现为公共艺术事业建设、管理和服务的良好愿望。公共设施设计体现出一种建立、建设、实施、管理、享受环境、信息和生活的秩序；一种团结协作、共同合力的团队精神；一种注重物与物、人与物、人与人之间有机的充满生命力的共生共荣的关系。这是一个由庞大的学科群组成的，由实施者、使用者和管理者共同参与的一种自觉的高尚行为。归根结底，公共环境设施设计就是指以人为核心，以城市公共传播、公共环境、公共设施为主要对象，综合运用现代设计手段，创造生活空间美、生活方式美和信息传情达意的艺术设计行为。

公共艺术设计一方面在城市建设和传播媒介中调节高科技和高情感平衡的关系；另一方面，在保证功能合理、结构科学、形式优美、满足人类情感需求的基础上，提高人们的审美意识和生活情趣，提升信息交流互动的格调与品质，进而创造理想的境界，促进城市精神风貌的积极向上，促成社会的环境优化，使人类自身发展得以完善，使公共设施环境设计变为群体力量和持续力量。公共设施设计作为一个庞大的学科群，几乎渗透到整个城市和各种传播领域，因此，公共艺术设计更需要群体性与跨领域、跨部门的合作，通过"概念的连续"获得群体的力量和持续的力量。

人以文化的方式生存，人的本性是在自然价值的基础上创造文化价值。人类社会的发展是合理地利用自然价值，创造和实现文化价值。传统的社会只承认文化价值，拒绝承认自然价值，普遍认为环境质量和自然资源是无限的，取之不尽用之不竭的。环境质量和自然资源不是劳动产品，它本身不具备经济价值，因此，人类对环境质量和自然资源的使用从来就是无偿的。

图1-1 澳大利亚的景观设施

图1-2 澳大利亚的景观设施

图1-3 澳大利亚街心休息设施

图1-4 照明与水景设施

当自然价值在许多方面受到严重损害,其价值的损失已经影响人类对它的利用的时候,人们开始提出对自然资源进行经济评价,对自然资源及其开发利用进行经济统计,这是从文化价值出发迫使人类承认自然价值,尽管不够深刻却具有一定的启蒙意义。

因此,作为人类聚居的集中场所,城市的出现与发展是以牺牲一定的自然价值为基础和代价的,关键在于两者的相互关系如何处理,也就是发展与资源环境的协调与良性互动。人类的文明绝大多数是在城市中创造的。作为规律,城市要有积淀文化的能力才能发展。社会发展需要文化的不断更新进步,而文化的更新能力很大部分来自于交流,交流是其巨大的推动力,交流是相互学习提高的机会。从这个层面和视角来看,信息及其传播,尤其是视觉信息的交流与互动就具备了非常的意义背景。

三、公共设施设计与环境艺术的作用和意义

公共设施设计包括环境艺术设计、工业产品设计、视觉传达设计等,专业学科已与数字化设计手段融为一体,设计对象与信息化也密不可分,数字化产品、网络广告、

数字化展示、多媒体、数码影视等等，使得设计的范围从清晰到模糊，设计的内容从综合到复杂而多元。显然，传统单一学科的知识和技能，已很难处理和解决日趋繁杂的问题。如今，数字化已经迅速地深入到社会生活的各个领域，数字化设计手段将逐渐取代传统的设计方式。知识的价值在于它的内容。数字化的知识让人们可以用低廉的成本几乎不受限制地获得无限多的知识。美国已通过立法的形式确定在2000年开始实现数字电视转播计划。数字电视、数字光盘等信息载体的革命性飞跃，使信息能够以更简单的方式传播，以更大的容量存取，以更个人化的方式交于接受者。显然，大众传媒不再单纯是信息的传播者，人与媒体的关系正逐渐演变为个人化的双向沟通互动，人们开始具备有选择地获取真正需要的信息的条件，它标志着人类个体开始从工业化束缚中得到解放，在公共设施设计诸元素方面更上一层楼。

随着人类交往空间的不断扩大，大众对生活环境、交流渠道以及生活方式的品质与格调也有了进一步的要求，因此，追求获得精神平衡的设计，强化艺术力度趋势，改善环境、创造环境，是21世纪全球范围内人类精神活动的共同目标，这也是公共设施设计艺术概念出现的背景。

公共设施设计在世界各国的状态是不一样的。目前，公共环境设施设计在国际上已引起高度重视，并成为衡量一个国家和地区城市先进程度的不可缺少的参照体系。近十年来，国内一些城市在发展经济、建设现代化城市的同时，讲求生活、工作、交通、旅游等城市要素的合理配置和协调发展，取得了卓有成效的经验。但是，在绝大多数城市中，公共环境、公共设施、公共传播和公共艺术的整体水准还十分低，亟待提高。有些城市环境缺乏整体设计意识，各局部、各部门、各领域自以为是，各自为战，公共设施及设施风格不统一，缺乏文化内涵；公共设施数量少，制作低劣，行人、顾客视逛街购物为辛苦之事，很难体会购物的喜悦；各种招牌、店标、照明设施、交通设施等各行其道，杂乱无章，与整体空间缺乏有机的联系，文化垃圾充斥四周，造成视觉污染，使人的视觉接收系统发生紊乱，其恶俗环境尚有蔓延之势！历史的经验值得总结和汲取。西方发达工业国家也曾经历过此类过程，但凭借它们强劲的经济实力和科学合理的管理方式，缩短这个过程，减少了损失，拯救了环境。科学技术的发展促进了经济社会的急剧变化，人们的生活环境受到来自各方面的冲击和威胁；高速交通体系之类的超人性的装置和构筑物到处矗立，大工业、大机器生产和传统手工业制作生产之间充满矛盾、断裂和衔接；具有历史、文化和地方特色的城镇街区不断消失。设计各领域之间如何协作和综合筹划，是建设理想的社会环境所必须认真对待的问题。历经四十余年的努力，日本的各项设计事业已进入世界先进行列，涌现出一大批世界级的设计名家。日本国策中将"科技、管理、设计"六字视为振兴和发展日本经济和社会的根本途径和主要焦点。与此同时，美国政府意识到环境设计对城市、社会的协调、控制、管理、制止紊乱和污染所具有的重要功效，由规划师、公共设施师和社会学家首次联手，成立了美国环境设计研究学会，将城市公共设施设计纳入全方位的研究实施中，而且必须在宏观规划指导下发展和实施。

图1-5 展示休闲设施　　　　　　　图1-6 标示设计

总体上看，西方工业发达国家和地区由于综合经济实力雄厚强劲，相对比较早地进行了环境综合治理及城市建设和维护，现代艺术与人文结合的探索等，也取得了令人瞩目的成果。在新千年起步时期，众多有识之士重新审视、确立工作的特性和意义，朝着提供具有社会和人性意义的服务方向不断前进。面对窒息的城市空间、生态失调及环境"污染"和文明异化现象，广大设计师正逐步和工程师、艺术家、科学家、管理者们联合起来，共同携手，努力开创公共设施环境设计的全新局面。

第二节　公共设施设计的基本原则

公共设施设计学科群，充分体现了它的基本特征，那就是边缘性和横断性。公共设施设计由众多学科组成，边缘性是它的主要特征之一，其主要载体是环境。从广义上来说，环境是包围人类并对其生活和活动给予各种各样影响的外部条件的总和，是由若干自然因素和人工因素有机构成的，并与生存其内的人类相互作用的物质空间。围绕着环境问题派生出许多边缘学科和方向，如环境社会学、环境心理学、社会生态学、生物气候学、环境美学等等，每一学科都侧重探讨环境问题与本学科相关部分的内容。公共设施设计艺术涉及的主要内容是环境心理学和人体工学，它是研究人在客观环境的物理刺激作用下所产生的心理反应的科学，通过相同的或不同的人对同一环境或不同环境心理反应的研究，来找出规律性，在环境设施设计时与其他的因素综合平衡，筛选出最佳方案，尽可能达到最佳的预期效果。环境心理学的内容是公共设施设计学科群中景观规划设计、环境艺术设计、工业产品设计、公共艺术等的设计、创作、实施、管理诸环节必不可少的参照依据。

一、以人为本的设计理念

当然，公共设施设计在其他方面也存在许多边缘性的特征。例如雕塑小品，既要充分体现艺术的语言和特征，也要兼顾到公共设施环境的制约和条件，更要关注人与环境、人与作品等关系的妥善处理，这些都不是单一学科所能解决好的问题。可以说，学科的边缘性、交叉性和复合性，是时代和学科发展的必由之路。因此，公共设施设计具有十分鲜明的学科边缘性特征。公共艺术设计学科群的横断性是指对公共设施学、艺术学、传播学、美学及其他各类理论相关内容进行比较，从而有选择、有重点地纳入到公共设施环境设计学科群中。以设计基本理论、心理学、行为学、人类工程学等内容为基础，进行邻近学科类比和综合，展开横断性的设计思维方式和设计实践形式，这样更具有广泛和全面的意义，具有较强的综合性和整体性，适合公共设施设计的综合特点和时代发展的需求。

例如以工业产品设计学科为基础的公共设施设备设计，在艺术设计行为中，则侧重于物与环境的和谐，注重环境、条件的制约。在人类工程学、心理学、行为学和技术美学诸多要素理论的基础上，将之放在景观环境这样一个特定的背景下展开具体设计，其结果很有可能与信息传播广告、环境标识等视觉传达设计学科的内容联系起来进行统筹考虑、整合斟酌。同时，公共设施设备作为空间环境中的附属物品，其空间存在形态上主要依凭构筑物和空间。当然，设施本身即具有一定的功能，为人们一定的行为目的服务，人们使用它，也可以从视觉角度去欣赏它。因此，公共设施设备成为环境中不可或缺的一个重要节点。

社会学将它的研究对象作为一个整体来分析，可以认为任何脱离整体的个体都是不存在的。人是社会的基本构成因素，但是人与人总是通过相互关系而从事活动的，人的个性心理特征的形成与发展，也总是由他所处的社会环境及人们之间的相互关系决定的。社会学研究的整体性原理，对公共艺术设计的研究和发展具有一定的指导意义。简言之，正确运用社会学的整体原理，去研究公共环境艺术设计，才能掌握公共设施设计活动的众多特征和内涵。

公共设施设计学科群为公共设施艺术设计行为中的其他工作内容，如环境艺术设计、公共信息传播设计、公共设施设备设计、雕塑等，提供了必要的前提和保障。也就是说，适宜、科学的环境艺术设计、公共设施设备设计，将影响到历史文化、风土人情、习俗风尚等与人们的精神生活世界，并且决定着一个地区、城市、街道的特征。

公共设施设计包括咨询、调查、勘察、研究、规划、设计、绘图、建造施工说明文件及施工详图等，目的在于保护、开发、强化、优化、深化自然与人造环境。公共设施设计行为中侧重于城市环境及人类聚居环境的规划，诸如广场、景观道路、滨水地带、商业区、居住区等环境内容为主的规划设计。

公共设施艺术设计中的设施设备设计，主要指休息设施系统、卫生设施系统、购售设施系统、通信设施系统、交通设施系统、游乐设施系统、管理设施系统、照明设施系统、信息设施系统等内容，是工业产品设计学和公共管理学科中的重要组成部分。城市环境中的公共设施设备设计，是运用科学技术，创造人的生活、工作所需要的"物"。物与物构成环境，人与人、人与物、人与环境又组成了社会。公共设施设备设计的目的就是人与物、人与环境、人与人、人与社会的相互谐调，和谐相处。公共设施设备设计需从下列两方面着手研究：

（一）研究人的生理特点——人体测量学、解剖学、人类工程学、行为科学等，使设计的产品与环境能满足人生理上的需求，以及不断发展的生活新形式的需要。

图1-7 广场休息设施设计　　　　图1-8 色彩鲜明的设施设计

（二）研究形成产品与环境的诸因素——材料、结构、工艺技术、价值工程、系统工程等，使产品与环境最大程度地符合人的多方面的要求。

作为社会的人对物和环境的需要，公共设施设备还必须着力于以下三方面功能的研究：审美功能——研究心理学和美学；象征功能——研究哲学和社会学；教育功能——关注心理学、语意学、教育学和设计伦理的相关理论。

公共设施设计的各种要素，都要为人们所感知。然而，人们能够首先感知什么，选择哪些客体作为知觉对象是由许多主客观条件所决定的。心理学认为，使人感兴趣的东西往往易被人所感知。从这一点出发，设计人员应该要研究人们的经验、需要、兴趣、情绪和个性。人的认识过程是有一定规律性的，只有符合这些规律的设计，才能为人们感知和理解，才能达到预期目的。

二、继承与创新的设计原则

随着科学技术和城市建设的飞速发展，人类对自然和自身的认识正不断得到深化。在以上要素研究探讨的基础上，应明确地认识到：公共设施设备设计是创造合理、科学、舒适和高效的生活方式。它是一种创造性的行为，是改造自然与自身生活方式的一种设计行为，是人类在对自然理解、尊重和强化的基础上的一种设计意识和设计形式，是认识自身及其聚居环境后运用材料、技术表达人类美好理想的行为。

公共设施设备设计，从调研使用需求、环境特征和市场信息入手，熟悉资源、现状等对环境与人的影响；掌握生产方式和手段、生产和技术水准；作出产品开发计划；构思设计方案；制作模型、样品，确定设计方案；然后制定生产计划、落实工艺流程；试生产后投放市场；分析反馈信息；改进后再投入批量生产；直至运用在环境中。从构思到生产，从试用到改良更新，全部过程都受控于设计，任何环节都要求精益求精、千锤百炼，最大程度地促使公共设施设备的系统化，公共行为的文明化，生活方式的合理化，为城市环境增光添彩。

公共设施设计是城市整体环境的组成部分，公共设施艺术的存在形式或依附于公共设施，或依附于街道、广场、绿地、公园等物质形态，公共设施设计应当坚持整体性原则，妥善处理局部与整体、艺术设计与环境的相互关系，力图在功能、形象、内涵等方面与环境相匹配，使环境空间格调升华。

公共设施艺术与其他艺术一样，是由一定材料、媒介或设施构成的艺术形象或物体，其本身具有一定的功能，表达某种意义，并为人们一定的行为目的服务。人们可以使用它，也可以从视觉角度欣赏它的审美和空间意义。公共设施艺术在注重环境整体对局部制约的同时，也应自始至终以公共艺术自身的规律性为重点，服从、尊重环境的特殊性、艺术家的创作个性及作品的相对独立性。

公共设施的系统设计原则

古今中外，成功的公共设施设计总是给人以一种明确的基本感受，除了必须具备尽可能完善的使用功能外，还应恰如其分地反映出特定时代的文化精神，让使用者能从中体悟到较之一般知觉更丰富、更深刻的心理感受，这同样是公共环境系统对信息设施设计的要求。公共信息系统设施的设计原则可概括为：

1. 造型识别

公共环境系统中的公共设施的造型体现，应以人的活动为主题，避免雷同的概念性形象，应以智慧性的主题表现，富有生命力的直观性特征为主旨，呈现设施的多样性，同时在视觉上产生与环境的呼应。这不仅取决于设施的功能与材料，更取决于对设施造型的控制，使公共设施与环境产生共鸣效应。

公共设施现代设计越来越注重对造型的研究，其造型均受到人们的重视与关注。由于生活水平与文化水准的不断提高，人们的审美观念也在不断变化，重复过去的造型，千篇一律的形象必然会失去人们的喜爱。现代人需要美的生活环境，需要新的生活方式，独特的设施造型将满足他们物质与精神层面的需求。

人和设施在一定的环境中沟通互动，需要相应的传播媒介传递信息，这种传播媒介便是发自设施自身的造型语言。设施的设计需要根据使用者生活的各种要求和生产工艺的制约条件，将各种材料按照美学原则加以构思、创意、结合而成，其造型语言体现的是设施组成的各个要素和整体构造的相互关系。如游乐场所中的公共设施，使人们能够在其活泼多变、生动可爱的形象中寻找乐趣，在旋转、波动、离奇的装饰中感受刺激，体验整个休闲娱乐环境的氛围。而纪念性广场则体现沉静、崇高的性格；长长的轴线，对称的布局形式，使环境的各类设施也相应具有相同的庄重与力度。不同场所设施的造型相差甚远，公共信息系统设施的造型就应结合环境特征，协助人们识别地域，体验空间带来的情趣。

公共设施是具体的、可感受的实体，其造型可抽象为点、线、面三个基本要素。点，是最简洁的形态，可以表明或强调位置，形成视觉焦点。线，不同形态表现不同的性格特征：直线表现严肃、刚直与坚定；水平线表现平和、安静与舒缓；斜线表现兴奋、迅速与骚乱；曲线代表现代美、柔和与轻盈。如果线的运用不当会造成视觉环境的紊乱，给人矫揉造作之感。形态各异的实体表面含有不同的表情，决定了公共设施总体

图1-9 软硬材质对比

图1-10 材质肌理对比

图1-11 空间环境设施

的视觉特征。点、线、面基本要素及相互之间的关联,展现出的丰富多彩通过分离、接触、联合、叠加、覆盖、穿插、渐变、转换等组合变化,使公共设施造型达到个性化的表现,令人们识别、品味。点、线、面的基本要素在变化中演化成新的造型语言,是新时代意识下的创意构思,而不再是历史的翻版。

2. 色彩意义

公共环境系统中的信息设施的色彩在人们的直观感受中最能反应环境的性格倾向,最富有情感的表现力度,是最为活跃的环境设计语言。色彩能明显地展示造型的个性,解释活动于该环境中人的客观需求,或振奋娱乐、或宁静休闲、或平和安详。总之,公共设施的色彩以其鲜明的个性加入到环境的组织中,创造人与环境的沟通,并赋予环境以生气和活力。

公共设施的色彩往往带有很强的地域、宗教、文化及风俗特色。色彩既要服从整体色调的统一，又要积极发挥自身颜色的对比效应，使色彩的搭配与造型、质感等外在的形式要素协调，做到统一而不单调，对比而不杂乱。巧妙地利用色彩的特有性能和错视原理拉开前景与背景的距离，使公共信息系统设施比较端庄的形体变得轻快、亲切。在世界各国的大都市中，英国伦敦对城市的色彩控制就较为成功，城市的主体建筑基本上采用中灰、浅灰色调，而公共汽车、邮筒、电话亭、路牌等公共设施则采用鲜艳亮丽的色彩，使整个城市环境显得温文尔雅，亲切生动，增强了环境的感染力。

3. 材料质感

任何设施，无论功能简单或复杂，都要通过其外观造型，使机能由抽象的层面转化为具体的层面，使设计的理念物化为各个应用实体。现代设计中的材料质感的设计，即肌理的设计，作为设施造型要素之一，随着加工技术的不断进步、物质材料的日益丰富而受到各国设计师的重视。

这里讲到的肌理即公共设施表面组织构造的纹理，其变化能引起人的视觉肌理感与触觉肌理感的变化。通过视觉得到的肌理感受和通过触觉得到的肌理感受同时向人的大脑输送，从而唤起视觉、触觉的感受及体验。肌理的创造，即视觉感、触觉感处理得当与否，往往是评价一件设施品质优劣的重要条件之一。质感使设施造型成为更加真实、生动、丰富的整体；使设施以自身的形象向人们显示其个性。如汉白玉、花岗石、岩石、钟乳石等材料，就体现出不同的个性，即使是同类的玉石，不同的组合传达的信息也不相同，尤其当它们营造一定的空间氛围时，常使参与者从肌理质感中获得新的体验，以满足人们对各种设施的精神需求。

公共信息系统设施的设计更需追求材质的美感。如何选择、运用好不同的材料进行组合搭配，在显示不同材料质感美的同时可以产生丰富的对比效应，已成为设计师们关注的课题。这也是形式处理的一种手法，运用对比的造型效果，使设施更加生动活泼、富有变化。建造富有现代韵味的城市环境，不是轻率地将传统材料搬进现代生活，可以将传统材料与现代材料有机结合于环境中。当前，设计师越来越倾向于运用材料的自然属性，因为人们发现自然界有那么多美好的、一度被淡忘却又随处可寻的天然材料，它们具有更多值得人们回味的属性与意趣。现代社会的发展，新技术与新材料的开发与利用，为公共信息系统设施提供了更大的发展空间，如果能很好地将其与周围环境相协调，便会创造出一种既有变化又互相联系的整体感。

4. 比例尺度

比例尺度的控制与把握是城市环境空间设计的一大课题。尺度是使一个特定物体在场所中恰当呈现的比例关系，它由绝对尺度和相对尺度组成。绝对尺度是物体的实际空间尺度，如邮筒的高度、电话台的宽度、按钮的大小等，需按人体工学规定的适合人使用的尺度大小确定。相对尺度是物体尺寸给人的心理感受，体现人的精神向往和空间尺度的协调,如运用夸张、对比统一的设计手法而获得的心理满足。同时要考虑一般人观看环境时的远眺、近观、细察的视觉特征。远眺是全景式整体性的观赏,以 200m 为极限。200m 以内的景观又可分为近、中、远景。近景,即可对个体进行观察,品味其质感、纹饰、节点等设计特色,可局部性观察的景观;中景距视点 70~100m;在视点处可看清人的活动与群体设施;远景距视点 150~200m,在视点处可总览景观全貌。分析人的视觉特征无疑对环境设施的设计提出了更高的要求,那就是要

图1-12 利用自然材料的设施设计

在不同的距离内都呈现丰富多变的效果,与整体环境协调,使人在观察中不致产生单调的视觉感受。

三、可持续开发的生态绿色设计原则

(一)公共环境设施的可持续发展理念

现代工业社会表现突出的能源、生态、人口、交通、空气、水质等一系列问题,促使人类不得不关注日益严重的环境危机,修正调整早期对抗、征服、索取自然的行为和意识,探索确立适合于环境、与生态共生共荣、天人合一式的高品质和谐美的生活、工作模式。21世纪是整个世界急剧变化的时代,延伸和扩展而来的后现代文明和知识经济,正在或隐或显逐渐改变着人们的生活。然而,众多研究人员认为最重要、最根本和最伟大的事应该是人类对于地球的存在极限有了初步的认识:环境自身极限将会影响人类的进化、发展甚至生存。

数百年来,工业技术文明在给人类造福的同时,客观上也加剧了环境生态的变化,异化了的现代文明在某种程度上正成为破坏人类赖以生存的环境的急先锋,生态环境问题已成为当今众多学科行业无法回避的现实状态。公共设施环境设计,尤其是环境设备设计与其具有不可分割的关系。因此,充分认识、高度重视生态环境问题,悉心研究,贯穿落实到相关的设计中去,对公共设施设计的发展和繁荣是大有帮助的。

在公共设施设计行为中,注重生态环境的协调均衡和保护十分重要。倡导人类生态系统建设和维护,就是指人与其生存环境相互作用的网络结构,或者说是人类对自然环境适应、加工、改造而建立起来的人—机—环境系统。在这个系统中,一方面环境以其固有的成分及其物流和能量运动着,并制约人类的活动;另一方面,人类的活动又不断地改变着环境的能量流动,物质循环和信息传递的方向与过程。人类工程学在生态方面的基本作用,就是为这些原则和研究目标提供有关人对周围环境的适应机

制的参数、数据和资料。生态环境学不单单是物质方面的课题，它与交流和精神层面也有着密切的关联。

因此，在公共设施的设计过程中，设计人员要从审美性、创新性、使用性和环保性出发，研究人们的需要、兴趣、情绪和个性，符合一定的规律设计，以为人们感知和欣赏，达到预期目的。

运用人类工程学的方法、手段，科学研究者们测定了人体对气候环境、温度环境、声音环境、光照环境、重力环境、辐射环境等的要求和参数。大量实验表明，人体的舒适是由三个方面构成的。

1. 个体因素：它是指个人的自身控制，个人身体的新陈代谢，衣服的适量与调整，自身的运动。

2. 可测量的环境因素包括：空气温度、表面温度、空气流动、空气湿度、空气净化程度、噪声级、照明度等。

3. 心理因素包括：色彩、质感、声音、光照、气味、运动等。

生态文化是一种可持续发展的高质量的生活方式，并必将在精神层次、制度层次和物质层次全面修正完善传统文化。生态文化也将在我们未来的生活中发挥积极作用。知识经济时代的公共设施设计，在历史发展的长河中既要尊重传统、延续历史、传承文脉，更重要的是必须突出时代特征，敢于创新，勇于探索，求真务实。只有这样，才能实现真正意义上的继承与创新有机结合的文化原则。

可持续研究是近年来为各个领域所关注的重大课题。随着建设规模的扩大，人的生存空间不断膨胀。高速发展在带来空前繁荣的同时也引发了一系列矛盾。公共环境作为人的重要生存空间也面临以下问题。

首先，是旧有的环境不断被新的发展潮流所淹没，即便幸存也显得支离破碎，新的环境在取代旧环境的同时又飞快地被时代的发展抛在后面。新与旧、现在与将来之间存在着众多的矛盾，使大量人们身边的公共环境处于不和谐的状态之中。

其次，在公共设施外环境的设计领域中，人们习惯于将人工因素放在第一位强调，以高度人工化来满足人的生存需求，忽略了对公共设施外环境中自然因素的考虑。

其三，在物质环境的创造过程中，忽视了人们对于精神方面的需求。表面物质空间的膨胀并不能满足深层次人类精神的要求。

公共设施作为可持续研究的核心思想是将社会文化、生态资源、经济发展三大问题平衡考虑，以全球范围和几代人的生存兴衰为价值尺度，并以此作为人类发展的基本指针。对于公共设施的环境，这一观点要考虑以下几个方面：第一是研究公共环境设施的发展规律，寻求现实环境与历史环境、现实环境与未来环境之间良好的连接点，既保证现实环境公共设施的高质与和谐，又使之能在今后数十年乃至百年中良好地发展。

自然要素与人工要素是公共外环境设施中两个具有同等地位的重要组成。重视环境构架，在环境设计中强调人工因素与自然因素的和谐与共同作用这是需考虑的第二方面内容。

第三是对人的环境物理、环境精神以及文化、习俗、审美观念等共性和个性因素的研究，在不同的公共环境设施中力求体现人们精神文化方面的追求。下面将对这三方面的具体内涵与设计中的有关对策作进一步的阐述。

图1-13　自然环境的色彩设计

（二）公共环境设施可持续设计的内涵与方法

1. 公共环境设施的动态规律

公共环境设施的设计并不局限于三维空间之中，对第四维——时间的设计也同样重要。这是因为公共设施的形成需要经历一定的时间段，而形成之日起又以一定的规律不断发展。这一动态规律是由以下三个动态因素共同形成的：

图1-14　自然环境的设施设计

（1）前面我们已经对推动环境形成的各种力加以分析，从中可以了解公共设施外环境的形成和发展在本质上受到自然、社会、政治、经济、文化等各种因素的影响和制约。这是这一系列因素合力的结果。

影响环境设施复杂的因素，表现在其一是种类繁多，或显或隐。其二，特定环境之间的构成区别很大，主导因素也不同。例如设计商业公共设施时应主

图1-15　动态环境的公共设施

要考虑经济因素对环境形成和发展的影响；而在纪念性环境中，一些政治、宗教文化方面的力则是主导因素，应在设计中体现这些因素对环境设施的作用。其三，新的产生，旧的消失，以及关系的互相转化。而近年来，小区环境之间的差别在加大，更突出个性化以及文化审美方面的多层次。这些意识形态方面的因素在公共环境设施形成过程中，具有日趋增大的倾向。

（2）动态的环境公共设施的要素在时间维度上，也有其自身的发展规律。按其动态规律一般可分为两类。大多数的环境设施要素如休息设施、信息服务设施等公共设施的模式一经形成不易变化，而环境的小品设施要素相对而言则在经历一个阶段后有进行更替的需要。尤其是一些信息栏、广告牌等要素变化更为迅捷。这些要素可称为

可变要素。此外在不同环境中某一环境要素的变化规律也不尽相同。譬如商业公共设施的模式就较一般公共设施易变得多。

对固定要素来说，它参与环境的时限在几十年至几百年，在其结构、形态、用材等方面应考虑具有相适应的"保质期"，在相当长的时段中保证其使用与审美的质量。而可变要素就应该给予进行时效性设计，使其更经济、更方便、更鲜明地体现时代精神。

（3）动态的环境构成公共设施的形成是环境要素组合的结果。由于环境作用力及要素的动态性，我们要了解环境的特殊性，看到的既是环境设施要素多次融合的结果，也是环境构成动态过程中的一个瞬间。同时在不同的环境中，环境要素的构成方式是不同的。一旦某一公共设施在一些环境因素的作用下发生了性质上、特征上的变化，就会要求以新的方式来组织公共环境设施要素，这时环境也发生了实质性的改变。可见环境要素与公共设施要素的构成方式是两个相互促进的动态因素。环境公共设施要素的更替改变了整个环境的构成，而环境构成方式的改变，又促使公共设施个体要素不断地发展，两者共同形成了动态而多样化的公共环境设施。

2. 公共环境设施设计中的时代性

研究公共设施环境的动态规律的目的，在于创造符合环境变化特点的，可以在历史长河中起到良好的承前启后作用的当前环境。贝聿铭曾说："我们只是地球上的旅游者，来去匆匆，但城市是要永远存在下去的。"今日的公共设施外环境只是其发展链中的一个环节，承前启后非常重要。

了解旧有的公共设施要素。虽然一些要素已不适应今日的要求，但调整改造的，仍比必须推倒重来的多得多。分析其要素之后首先加以评判，有无价值，可否利用，然后进行扬弃，最终的目的是形成一个和谐整体，如同从原有环境设施土壤中生长出来的新环境设施。需要指出的是无论是新建还是改造工程都有借鉴价值，这是因为这里的"前"既包括原有的环境要素、要素构成方法，也包括作用于公共环境设施的各种内在因素。

相对而言"启后"更为困难。首先设计的高质量是前提条件，合理的、完美的、有价值的公共设施才是"长寿的"。其次在设计中尽可能考虑其内在的变化规律，使现实环境不妨碍今后公共设施的进一步发展，加大其"适应性"、"可塑性"，提高其"保质期"，也是环境可持续发展的重要前题。

（三）公共环境设施的外环境与生态

公共设施的外环境处于支配因素，过多削弱甚至完全摒弃自然生态的一些内在规律时，破坏性的后果就会接连产生。如动植物种群变化、土地与水质变化、能量代谢的不平衡等等，最终导致了人类生存环境的恶化。

作为人与自然能承受交换的纽带，作为人对自然影响力最直接的表征，强调公共

图1—16　公共停车棚设施

图1—17　公共环境中的休息设施

图1—18　小区嬉水设施

图1—19　小区环境中的休息椅

设施的外环境设计中对生态平衡的关注具有重要的意义。

1．环境与气候

在公共设施外环境中，诸多人为因素会直接影响气候特征的变化。在公共设施外环境与自然环境中，不同公共设施外环境之间存在着显著的气候差异，这些差异具体反映在日照、温湿度、风速、降水等方面。

（1）日照

公共设施处于环境中照度明显的区域比照度差的区域易老化、损坏。造成总日照数减少的主要原因是城市的大气污染。而区域差异则是公共设施物理环境要素遮蔽而产生的结果。

（2）温度

热岛效应是环境小气候最典型的特征之一。造成公共设施密集区域温度较高的因素有：①光波辐射的热损失。②室外环境中人工材料热容量大，导热率高，供给空气的热量多。③人为热源，其他表面用材不透水比率大，地面蒸发量少。④通风不良，不利于热量向外扩散。

（3）风速

公共设施在环境中适应平均的风速小于同高度开旷的地区，其高度的变化促使局部气流变化复杂。

（4）湿度与雾

公共设施在环境中适应的湿度比自然环境低，这是由于材料性能等原因造成的，特别是装有电子芯片的科技设施，会有一定的影响。如铺装地面干燥，排水迅速，人工环境中缺乏植被，蒸发量小，热效应导致高温等。同时在南方的环境中易于出现多雾天气，使空气中存在许多颗粒物质，为雾的形成提供了丰富的凝结核，这对公共设施也会产生影响。

综合以上这些气候的具体表现，可以得出这样的结论，即从总体来看小气候更多地对环境质量产生了负面效应。消除人与自然的尖锐对立，创造更适宜的人居环境，公共设施环境设计在这方面是可以有所作为的。

2. 生物群落

公共设施外环境在运用人工元素开拓人居环境的同时也往往压缩生物的生存空间，甚至剥夺了一些生物的生存权。人类本身是生态系统的一部分，一定程度上需要与其他群落相依存。无视其他的生物群落的生存权力，最终将对人的生存环境带来损害。

首先需要对存于公共设施外环境中的动植物群落作一番研究。大量实验证明，植物群落能净化空气、水体，改善土壤，降低城市噪声，对环境气候的温、湿、日照、风速、雨、雾等有着一定的调节作用。

经过调研发现，一些植物也适合在公共设施环境中生存。各地的一些代表种群因其功能、文化传统等原因而成为优势种群。例如在环境的规划阶段综合考虑绿地系统，选择适宜的植物种群，在局部设计时考虑防止土壤的流失，改善土壤条件，并在不利环境配备自动洒水设备、排水管等设施，对植物特别是在其生长期实行严格保护等等，都将有效地起到保护生物种群的作用。

按照生态学的观点，人的聚居环境中存在着一种特殊的以人为主体的生态系统，它是生物圈的一个基本功能单位。离开了其他生物，人类将无法独自生存，更不能使我们生活的外环境持续和谐地走向未来，越来越多的人对保护生态环境的重要性达成了共识。

四、注重科技发展的设计原则

对于整个社会而言，公共设施环境设计行为既是一项系统工程，也是一项实用工程。它不仅在环境、传媒、文化等方面提升品质，而且能够提高社会的整体素质和水准。在这个意义上，重视大众参与的设计原则就具有了十分积极的现实意义和深远的历史意义。例如广场空间设计，就是应让人们可坐、可立、可靠、可观、可行、可挡风、可避雨，让人随处感到这是经过精心组织的为人设计的空间。精神需求方面则借助空间渲染气氛，表达特定的意义。虽然广场也是由物质要素构成，却折射出精神内涵，给人们以精神寄托和启迪。而审美需求就是指在人们满足物质需求和精神需求的同时，以其完整的空间形象满足人们的审美需求，并给人带来享受，这是人们对空间环境最高层次的要求。

目前，我国城市建设已进入快速发展的历史阶段，通过对城市功能系统、公共环

图1-20 街心休息区设施

图1-21 街心休息区设施

图1-22 自然环境展示空间设计　图1-23 街边咖啡座设计　图1-24 车站信息设施

境、信息传播、公共设施设备等关系的联系及与人的关系的探索研究，寻求运用艺术手段介入，有效服务于人的途径。从而总结规律，提供基本原则、原理，达到提高生活质量，完善优化生活方式，提升环境品质，增添文化氛围，深化场所与人的亲和力，柔化、淡化高大构筑物给人类带来的负面影响，促进城市环境管理水平的进一步提高；使人、设施、环境、自然、社会趋于高度和谐；同时避免城市与环境缺乏个性和历史文化特色的弊端。成功经验的取得和建构、实际操作规则的进一步完善，对城镇的建设管理也具有普遍的指导意义。

公共环境是一个非常宽泛的概念，它不是孤立存在的，总是相对于某一中心或主体而言的。我们所讲的环境中心往往是人类本身。在公共设施环境设计艺术中，主要是指对人类生存空间进行的综合设计，形成了不同的生活方式和风俗习惯，并产生了不同的民族文化、宗教信仰和政治思想。在社会生活交往中，人们又组成了不同的群体，形成不同的社会圈，从而构成了特定的人文社会环境。需要考察的因素也不尽相同。随着时代的发展，现代化的通信、交通工具缩短了时空距离，而日益膨胀的各种生活需求，却使需求与资源的矛盾越来越尖锐。人们的物质生活水平不断提高，但是赖以生存的环境质量却逐日恶化。人类改造了环境，环境又反过来影响人的生活。自然生态环境、社会生态环境的平衡发展有助于人类向更高阶段发展。公共设施的地域条件、地理位置各不相同；各地域动植物生长也受气候、日照、土壤等生长条件的限制。如何做到就地取材、适合不同地区的历史背景和文化传统、喜好等因素都会影响公共设施的形式和特点。应综合考虑，包括地形、植被、房屋和其他公共设施、地下喷水孔、室外水龙头、室外电路、空调设备、户外照明以及其他结构物（如墙、围篱、电力与电话的变压器、电线杆、地下管路、道路、台阶等）、基地附近的环境（例如与相邻街道的关系、附近的公共设施物、电线杆、植栽等），会影响设计的因素。预想到公共设施实质形态和空间形态的各项因素，作出总体设计，使其功能和艺术处理与城市规划等各项因素彼此协调。公共设施设计应在空间尺度感、形体结构、色彩与周围关系方面都取得协调。

　　在公共设施总体设计构思中，既要考虑使用的功能性、经济性、艺术性以及坚固性等因素，还要考虑当地的历史、文化背景、城市规划及环境条件等因素。构思的核心要有新意，要有时代精神和风格，利用新的技术与工艺、新的材料和艺术手法，使设计具有时代感。

第二章　公共设施与环境设计的特点和构成

第一节　公共设施与环境设计的特点

一、公共设施设计具有区域性的特点

公共设施设计是由众多要素构成并相互作用的综合体,而这个综合体主要包括自然和人文这两大因素。由于自然环境和人文环境本身的复杂性和空间分布不均等诸多特点,就决定了公共设施与环境设计的相关特点。自然环境和人文环境空间分布的差异性直接影响了公共设施设计的区域性特点。一方面,地球表面是形态不同的层面,由于日照、气温、风向、降雨、湿度以及地形的不同而形成了不同的自然环境,具有区域性特点;另一方面,由于各民族不同的文化和审美观念形成了不同的人文背景环境。

区域性特点是地域影响在公共设施艺术设计中的具体表现。不同地区存在着不同的自然景观和人文环境形态,影响公共设施设计的因素在不同区域不可能是一样的。研究公共设施艺术的区域性特点需要解析区域内部的结构,包括不同要素之间的关系及其在区域整体中的作用、区域之间的联系以及在发展变化中的相互关系,从而获得特定区域自然环境和社会、人文特色形成的某些原因。

公共设施设计除了其构成因素本身所决定的区域性特点,还要满足人们多方面的要求,也就是说,对于一个公共设施设计项目,要从它完成后的使用功能出发。设计者在设计过程中,要对环境进行区域性的功能规划,从而也决定了公共设施艺术设计后的区域性特点。

比如一个典型的城市公共环境设计,它会有草坪与自然景观区,会利用地形的变化及植物的绿化,在公共设施之间创造不同的自然空间效果,增加视觉景观的变化。在步道景观区行走,动与静的结合会增加景观的层次感和运动感。在中介景观区,不同特色主题的景观单元各不相同,但它们之间必然有许多中介景观连接,从而使人感觉到整个公园景观的完整性和流畅感。另外,服务区域也是景观艺术设计中不可忽视的。

公共环境设施的地域条件、地理位置各不相同,各地域动植物生长也各有气候、日照、土壤等条件的限制。它们一旦形成一定的态势,就会相对稳定,在生态结构中占有自己的位置,形成生物圈。人与地理环境、自然环境又构成了一种复杂的生态系统,这一生态系统的平衡是系统中各构成因素健康良好发展的必要条件。因此,在设计中要加强环境保护意识,建立生态环境的整体观念,从局部做起,维护生态环境的平衡发展。

城市或地区的自然风貌、景观和地标性建筑常被运用在公共环境识别系统的基本形态中,并成为表征这一城市或地区的基本形象。这种具有地域风貌和文化特点的标识,有助于加深人们对城市和地域的认识。比如,人们对日本东京这个庞大的城市作形象描述时很困难,但以富士山来取代就显得容易多了。同样,人们对埃及开罗的城

市印象从形象概念上远不及金字塔深刻，人们更容易接受以象鼻山和喀斯特地貌取代桂林，以贝壳状的歌剧院代替对滨海城市悉尼的描述。在对美国纽约这样高层建筑林立的城市现象进行描述时，没有任何一个符号能像世贸大厦那样有说服力和代表性。世贸双塔在纽约城市天际线上矗立的轮廓给人们的印象很深，现虽毁于恐怖事件，但更引起人们对它们的追忆。

不但自然风貌和地标性建筑容易被设计为城市地区的标识，一些与日常生活相关并有行业特点的景象也常被公共环境标识所吸纳。如美国田纳西州富兰克林沙利文农场部分在完成土地规划道路和基础设施设计及风景建筑设计后，开发商提出了要求增加综合性标识系统，设计方案用当地的石头垒砌墩墙，用当地农作物和牧场饲养的动物作为形象主体融入到标识系统设计中，恰当地反映了农牧区的地理风貌和行业特点。纽约州布朗克斯植物园的标识系统，从植物中找到灵感，设计师选取具有代表性的花卉提炼图案运用在整个项目中。标识系统装置涂上了薄荷绿，与环境融洽。植物图案装置的尺度在任何比例时都适用，项目的字体古典外观与现代风格相结合，想像独特的尖顶不锈钢装饰球显示了公园装饰的特色，园内公共环境标识系统被鲜花盛开烘托自然景观更加悦目。

二、公共设施设计具有多元化的特点

公共设施设计的构成及其涉及问题的综合性使它具有多元性的特点。公共设施艺术的多元性包括与设计相关的自然和社会因素、设计目的和方法的多样，以及设计实施技术方面的多样。与公共设施规划设计有关的自然因素包括能源供应、水土以及气候条件等。对它们进行分析，了解它们彼此之间的关系，对未来区域范围内的公共设施开发和设计非常重要。不同的地域状况会影响到公共设施建筑采用的材料类型，不同的气候条件也会影响公共设施使用的寿命及配件的替换安装。

社会因素也是造成公共设施艺术设计多元性的主要原因。为什么样的社会群体服务是公共设施设计中需要考虑的重要因素。人们对公共设施的占有空间、使用功能、文化内涵的需求不同会影响公共设施设计形式中诸多元素的改变。考虑到满足不同年龄、不同受教育程度和从事不同职业的人们对公共环境的感受力，公共设施设计必然会呈现多元性的特点。

随着时代和科技的发展，公共设施设计的方法、材料也越来越丰富。如绿色防污染能源的利用、水文和污水处理、微气候控制、替代材料的应用及维护等技术的进步，这些先进的方法运用在当代公共设施设计中，不仅增加公共设施艺术设计的科技含量，也丰富了公共设施的外在艺术形式。

三、公共设施设计具有文化背景的特点

城市承载着人们社会文化和工作生活的功能，它为人们的各种社会活动提供了所需要的场所、空间设施、信息传载、物资流通等物质条件与生活便利。作为生活环境，

图 2-1　民族特色的街道设计　　　　　　图 2-2　现代风格的设施设计

图 2-3　自然环境中的设施设计　　　　　　图 2-4　石材与不锈钢材质的坐具设计

城市的公共设施以其特有的文化、社会和经济背景，满足了各种人群的生活需求和多元化发展的需要。城市公共设施环境的建设不但要能提供人类生存发展的物质条件，还要使人在心理和精神上达到平衡与满足。其文化背景应是人类理想和精神在物质环境与自然环境中的具体体现，是精神的物质化。研究城市景观除了要考虑相关的社会经济因素，还要侧重于功能和美学，这其中包含历史与空间、文化和物质等多方面、多层次的内容。

在公共环境设施的设计中，无论是区域设施、广场景观设施、街区还是在园林公园等的设施规划和改造，都要考虑城市整体的环境构架，研究环境设施的历史文化、以后的发展、地方特色等，科学合理地利用当地的人文环境和自然资源，尊重自然、生态、文化历史，使人与环境建立一种和谐均衡的整体关系。

时代的发展也带来很多麻烦：城市人口增长，土地需求紧张，城市机能高度集中，工业时代城市稳定的社会结构和传统职能改变。人口增长带来一系列的问题，如城市住宅环境设施的高密度，城市原有交通道路的超负荷，空气污染、环境恶化。生态环境面临危机所有这一切将直接影响到我们未来的生存空间和生活方式，这一切也给城市设施、城市环境及城市景观设计带来了很多需要解决的问题。

城市环境设施设计是城市规划的重要部分，环境设施设计是指把城市作为一个整体景观来进行规划设计。一个城市的规划，不仅要考虑创造良好的工作、生活环境，而且应该重视环境设施特色的设计和规划，使它形成有独特个性、景色优美的城市景观。在选择环境设施用地时，除了根据城市性质、规模进行环境设施设计用地的调查分析之外，还要从城市历史和文化背景出发，对地形、地势、城市水系、名胜古迹、绿化树木、有保留价值的建筑以及周围可以利用的自然景观资源进行调查，在城市环境设施的总体规划设计中进行考虑。

环境设施设计与布局要根据环境的性质、规模、现状、条件、城市总体规划来决定城市环境设施设计的基本框架，对城市主要建筑群的形式等提出设想，有效利用河湖水面、高地山丘等自然环境，对广场、绿地公共设施设计提出设想，对公共设施视线进行考虑，以便城市公共设施的设计和城市规划的实施；通过文字和绘图的形式表现建筑物所在的具体位置、植物栽种情况、土壤结构、气候条件、排水系统安排、视觉的观察点以及相关因素的规划组织。从计划的角度来说，绘制具体的场地分析图纸能精确、清楚地标明场地的具体位置、标高、地势等，这对于公共设施设计、规划占地面积的使用、社会规划和经济开发都有很大的作用。人的各种活动对周边环境提出种种要求，公共设施场所体现了环境空间与人的需求空间。文化、历史、社会与周边环境的联系，将体现社会文化价值、生态价值、城市周边环境价值。

结合不同文化层次的人对公共设施的需求做到"雅俗共赏"，并没有严格的界限，只是在公共设施中，对其有不同的理解。人们的追求首先是从环境的物质性开始的，然后发展到精神性，即公共设施应该先布置必要的满足生活需求的设施，然后再注重环境的可观赏性。一个人所接受文化教育的多少，直接影响到他对外界环境设施的认识能力，特别是决定了他对公共设施的鉴赏水平。

文化是包含多层次、多方面内容的复杂体系。文化具有民族性，同一民族应表现着共同的地域特征、共同的经济关系、共同的语言、共同的心理以及共同的伦理道德等，同一民族有相同的文化，同一民族的文化结构是共同的。

文化又具有时代性，不同时期有不同的民族文化，如奴隶制文化、封建制文化等，这也是文化的历史性。同一民族有共同的文化内涵，同时各个时期却有自己突出的文化特征，文化是发展变化的。正因为文化具有民族性和时代性，所以反映文化特征的风格是不同的。各民族之间的文化不同，使公共设施文化呈现多样性的特点。而公共设施属于建筑环境，随着时代、随着民族的不同而不同，也形成了丰富多彩的外部环境。

图2-5 民族传统的建筑与设施设计

图2-6 与自然环境协调的设施设计

图2-7 具有民族文化的设施设计

图2-8 具有民族风格的设施设计

第二节 公共设施与环境设计的构成

环境机能分析是在场地分析及现状陈述的基础上进行的,我们要将场地改造成为理想的空间环境,建造具有一定功能的空间,必须对环境的机能做出全面的分析;比如环境与环境之间的关系、环境与人的关系、人与建筑的关系、人与人的关系等。场地的机能由于用途不同,需要考察的因素也不尽相同。机能的内容相当繁多,例如一个有一定规模的写字楼的外部环境,它包括写字楼、车道、内外停车用地、服务设施、公共道路、公共活动空间、防风林、隔离带等,我们要对这些不同的功能加以分区和规划,对用地和水资源、土壤与植被进行综合考虑。

城市与周边环境领域的划分是以环境设施形成的围合作为标志的,它们是环境与景观空间的邻接界面,既有外界空间的公共性,又有公共空间的独立性。公共设施与周边环境相互渗透、相互引申,把公共设施作为整个环境空间的一部分。入口应使人一目了然,形成视觉中心,明确可出入的概念,具有强烈的领域感,同时也要满足人流的疏散、车流的出入等功能。公共设施空间领域的限定常采用围合体的形式,以围墙、栏杆、段墙、开放性标志等来划分内外区域,同时整合体也经常被当作一种公共环境审美因素而被设计成有个性特色的公共设施。

为改善人类行为对生态环境带来的不良影响,避免在新建公共设施过程中可能出现对环境的破坏,在公共环境设施的设计中,一方面要充分发挥景观绿化、水体和其他环境设施的积极因素,改善已遭污染的环境空间;另一方面要最大限度地降低对环境可能造成的破坏。此外要在公共场合中设立必要的环境保护设施,利用保护栏、坐具、垃圾箱等设施设立人为的环境保护区域也是可行的方法。

公共环境保护设施从功能上大致分为两类,一类是为了防止或降低公共设施本身对环境的污染从而达到保护环境目的的设施,这类设施包括卫生设施、供水和排水设施、照明及消防设施、可设置草坡等护坡设施等;另一类是为了提示、建立、提高大众的环境保护意识,为了隔离人群、规范交通路线、界定活动范围、避免人群对环境破坏而设置的环保设施,它们往往是带有一定强制性的保护性措施,如公益广告牌、指示导游牌、警示牌等。公共环境外围设置保护栏杆,强制性地对一些文化遗迹、珍贵树木、花草、座椅等进行保护,逐步养成爱护公共环境的良好习惯,也可以增添环境公共设施的审美情趣。此外,设置垃圾桶可以避免行人随地乱扔果皮、废纸、食品包装袋等,也是保护环境的一项有效措施。

一、公共设施设计在商业环境中的构成

商业街是现代城市经济繁荣的象征,城市经济、文化等方面的发展水平如何,可以从商业环境的整体水平上充分地体现和表现出来。

在当今社会综合交叉发展的趋势下,商业街已从单纯的商业售卖转变成集休闲、娱乐、餐饮、购物为一体的体验经济行为的形式。反映出来的商业街环境,更体现出贴近人多种行为需求的人性化设计,从环境表达内容中反映出人文需求的心态活力趋向。现代商业街的功能定位是以广泛的消费形式积聚为中心,在功能上折射出人们变幻多姿的生活方式,在社会形式上反映出多彩的人生节奏,在环境的各个设施设计上更突出表现出人机性的物质功能、人文性的精神功能、个体性的特殊需要及社会性的公共秩序等。

现代人的生活离不开商品,与商业环境紧密相连,每个城市也都有繁荣化的商业街,成为人们购物、社交、娱乐的场所。有机会来到异国他乡,游览完名胜古迹、山川景物之后,投入"商业环境"之中也是旅游的重要内容之一。所以商业环境与居住环境类似,是人们需要的生活场所。

因此,商业公共设施在外环境中尤显重要,同时商业设施、商业建筑的聚集往往沿着街道或广场而延伸、展开,这一特征在新建成的商业环境中格外分明。商业建筑的公共设施环境设计及其特征的创造是主要内容。

(一)商业环境公共设施分类

商业环境公共设施通常以开放性为特征融合在城市环境中,主要特点有:

1. 点式商业环境公共设施放置在大中型百货商店、仓储商场等具有独立外部环境的建筑与场所属于此类。

图2-9 段墙和走廊设施　　　　　图2-10 隔离带设施设计

2. 线型商业环境公共设施沿线性流通空间排列，通常表现为商业街及步行街等。
3. 面状商业环境公共设施围绕面状室外空间分布，表现为商业广场及娱乐广场。
4. 格网状商业环境公共设施成片的商业区，是多维线型空间排列、空间发展构成网络而形成的商业外环境公共设施的整体。

（二）商业外环境公共设施的作用

商业外环境公共设施的作用有联系建筑室内空间与公共街道空间，营造商业环境气氛，吸引人们进入提供室外商业活动、休闲娱乐活动的适宜环境，提供商业场所的信息服务、卫生服务、交通服务等，这是其商业环境公共设施特点所决定的。

1. 交通枢纽作用

随着商业环境公共设施的变化，特别是一些大型商业中心的外部环境设施及交通设施：如车站、停车场、加油站、自行车存放处等，对于交通集散的方便快捷提出了更高的要求。交通疏导的复杂程度也大大增加，商业外环境公共设施所承担的交通压力十分明显。购物中心总平面被停车场紧紧包围。如何满足车流及公共设施的平衡使步行者方便进入，这是现代大型商业环境中公共设施设计必须解决的问题。

2. 宣传广告设施的作用

把路人变为顾客是商家永恒的追求，将外环境公共设施作为广告媒体是增强吸引力的重要手段。舒适优美的环境设施，是反映商店环境形象特色的新颖广告，最终完成对行人的引导和对商业环境功能的体现及设计要求。

3. 娱乐休闲设施的作用

现代商店不仅仅只是商品买卖的场所，国外的一些大型购物中心已经将顾客称为"游客"，因为游客能兴致勃勃地游遍那些大型购物场所。而要把顾客变成游客就需要为顾客提供游园、游乐场、美食城等等各类休闲场所。而对于商业街、商业广场的扩大，许多特色环境公共设施需要在外部空间中创造。此外，一些商业环境公共设施有向特色性、文化性方面发展的趋势使其外环境设施更加引起人们的重视。

(三) 商业环境公共设施中的要素

1. 商业环境公共设施设计的基本要素

一般地说，商业环境公共设施中的各类路标、广场坐具、垃圾箱、电话亭、饮水器、停车场地等等均属环境基本要素。它们从平面上完成对环境的界定，同时这些要素的构思与设计也对外环境的舒适性、公共设施的使用效果以及各种功能的满足起到了重要的作用。如水环境设施的设计与布局等等。

2. 商业公共环境设施中的空间要素

作为从三维空间限定环境的要素有细部设计、广告招牌、遮阳凉篷、灯箱、隔离带等。公共环境设施界面的通透或封闭、标示的形式、广告牌种类及悬挂方式、色彩等对于商业建筑环境的构成将产生重要影响。

3. 公共环境设施要素

与其他类型的公共环境相似，商业建筑外环境中有些必不可少设施要素，如信息类电话亭、路标、方位牌、导购图、报时钟各类独立设置的广告等等。

休闲类——座椅、圆凳。

卫生类——烟蒂箱、废物箱、公共厕所、饮水器、洗手器。

照明类——路灯、街道艺术灯具、庭园绿化灯具等。

诸多环境设施要素的核心在于服务人们对商业外环境中的各类需求，并营造具有强烈商业环境场所特征、引人入胜的环境氛围同时也是现代商业文明的物化表现。

公共环境设施的设计所强调的首先是人，然后才是商业。一个美观舒适的公共环境设施令人愉快并能促进人的交往，与直接充斥商业环境的设计相比，这一理念使得商业和开发商的经济利益更为成功地实现，将是一个良好的范例。

购物行为是人们日常生活的基本行为，人们每天都有可能进入各类商店选购生活的必需品。商业环境公共设施的好坏也直接关系到人们购买行为的完成，这里所述的商业环境，不仅包括商店内部的购物环境设施，也包括指导顾客实现购物的外部环境公共设施。商店外部环境的舒适性、宜人性、识别性、观赏性等都是评价商业外部环境好坏的尺度。

人们购物、餐饮、娱乐等商业行为的完成都是在室内进行的，对室外环境公共设施的考虑主要是能够吸引顾客、指导顾客的行为。一般来说，顾客对商业步行街的外部空间有以下要求：(1)行：人们需要在步行街上行走，选择所要购物的商店。(2)坐：人们累了，需要有一个休息的空间，而一般商店仅考虑室内空间对室外空间则考虑较少。(3)看：通过观察商业街道上的店面、导购机、招牌、广告等识别商店，也吸引人们选择商店。店面、标识等对于营造街道的商业气氛有很大的作用。

图2-11　商业公共设施设计

图2-13　街头娱乐休闲设施

图2-12　商业街交通设施设计

图2-14　商业环境公共座椅设计

（四）商业公共设施的布局

一些大中城市专门设置商业步行街，以方便顾客集中购物。商业步行街的平面形式一般有单街式、双街式、直街式、曲街式以及组合式。公共设施的尺度一般是依据规模、道路的形式以及形成的年代等确定。一般不宜太大，受环境的影响要考虑与整体环境相协调，否则两侧街道的商店有杂乱之感。在一

图2-15　商业街道公共设施设计

些新建的商业街，因为街道两侧建筑高大街道往往较宽，中间可布置一道公共设施，这样既方便行人的使用又增添了商业环境的层次感，生活气氛浓郁，街道也比较有次序还能促进人员的分流，尺度亲切、宜人。

商业公共环境的空间设计：

1．"行"的空间设施优越的步行街常设置步行廊，可以全天候使用。步行廊的公共设施形式有多种，有的整条步行街道用公共设施来连接，如卫生箱、灯具等；有的则是排在底层形成走廊空间，联系各个商店；有的则是间断式的，有些地方

露天布置而有些地方用玻璃拱廊覆盖。这些都能保证购物时有个良好、便利的公共环境。

公共设施的设置也比较重要，首先应该做到尽量减少占地空间便于行走，同时注意公共设施的色彩、图案和整个商业气氛协调。图案可以是各种花纹，也可以是指示标志、广告等。在有条件的商业街应布置盲道上的设施。

2. "坐"的空间，在商业步行街上人们走累了或者在外面等人，人们不愿意呆在喧闹的室内想到外面去透透气，这时非常想找一个坐的地方，所以在商业步行街道必须设置满足人们坐的空间。

在较大型的商业环境中在街道中心常设置休息设施，同时配以绿化。有的休息设施和环境小品结合一起，如饮水机、座椅、雕塑等，有的座位和餐饮设施结合布置或与建筑的外墙结合。在布置休息设施时，要考虑到和商店入口的关系。

3. "看"的空间，在商业步行街上许多商家集中在一起，为了吸引顾客商店的标志、标示灯、路牌、广告栏等极其重要，这些也改善了外部环境使空间丰富多彩。

商店的标志、公共设施应有其不同的特点，特别是要与商店的经营档次相一致，装修不应华而不实和顾客定位不相符。公共设施所选用的材料、色彩不仅要和商店风格相一致，而且要耐久还要具有抗风化、腐蚀的功能。结合灯光照明渲染效果。店招、广告也应放置在醒目的地方，最好是迎着人流的方向，风格应与商店特色相吻合。公共环境设施是一面镜子，是决定顾客能不能到商店驻留的因素之一。

由于商家的竞争也丰富了街道形象，特别是利用各种先进手段如广告荧屏、霓虹灯、高档材料使商业街道富有时代气息，人们在购物时视觉会得到满足。

二、公共设施设计在教育环境中的构成

大学校园环境在浓郁知识文化的气氛中同样具有功能和形式表现的多样性。走进任何一个大学校园，在感受到比较相近的雅趣、安逸、温馨的环境风格的同时，也自然地从中领受到不同公共环境区域功能风格的变化，及学校特有的历史文脉和特性的表现。

依据大学的共同特点设计校园环境，在功能区域的划分和设定方面具有很多特殊性，一是对不同区域的理解划分和连贯性布局；二是不同区域功能个性既要鲜明区分又要形成有机整体；三是把文化脉络个性和时代特征充分反映出来；四是多用绿化设施和统一的公共设施浑然一体地展现出校园的恬静；五是利用各种公共设施设计手法打造出时代青年的学习生活氛围。

大学校园规模较大，一些综合类大学独立成为一个大学城。校园一般包括教学区、文体区、学生生活区、教职工生活区、科研区、生产后勤区，其构成形式也可分为集

图 2-16　商业公共环境的空间设计

图 2-17　商业步行街道椅凳设计

中型、分散型等。

我们以较为复杂的大学校园为例，对公共环境设施的构架运用、空间设计、环境精神体现等方面进行分别论述。

（一）公共环境设施构架在校园环境设计中的应用

康奈尔大学在《校园规划指导准则》中有这样一段话"十分重要的一点是：期望进

图 2-18　校园环境中的公共设施设计

入康奈尔大学的学生承认，在他们选择康奈尔大学的诸多理由中，校园环境是仅次于学术上杰出声誉的第二位理由。"美国的哈佛、斯坦福，中国的清华、北大，几乎所有的名校都有着令无数莘莘学子骄傲的校园环境及公共设施。设计师巧妙地将教学区、宿舍区置于较大的自然环境之中，以校园中固有的河流湖泊、树林等自然景观和统一的公共环境设施作为校园格局的构架是建成优美校园的重要而有效的方法。形成优美而幽静的校园环境的同时也为城市节约了大量用地。

（二）公共环境设施在校园环境中的局部空间设计

1．入口与指示牌的设计

无论是气势恢宏还是尺度怡人，校园入口都是由外部向校园过渡的重要空间。如斯坦福大学的入口先是经过两座门楼式的建筑，随后进入了绿色通道——两边栽有茂密棕榈树和排列整齐的照明设施，使人产生进入知识圣地朝圣的感受。新建的中国天津科技大学校门在结构上采用了现代造型，周围形成了对称的入口广场。这样校门前出现了一个过渡空间，进入富有时代感的新校门进入校园，整个空间序列非常丰富，引导人们进入校园空间的层次感也更为突出。

2．校园广场的公共设施的设计

在学校中与教学同样重要的是人际交流。上溯至几千年前的罗马神学院以及在苏格拉底理想大学的模式中就可看到作为学习、交往场所的校园广场的存在。

在现代的大学城里，广场的种类与公共设施更为丰富。依据所属功能区域划分为行政办公区广场公共设施、教学区广场公共设施、生活区广场公共设施等等。不同种类广场中的人流、活动、公共环境氛围和要素组成有所区别，在部分校园中还有地位突出的供全校师生聚集、休闲、交流而成为学校象征的主广场。一些主广场设于校区中央图书馆前广场，另一些则结合入口设置，这些广场的背景往往是地位特殊，或特征明显的公共设施与建筑。

3. 公共环境中的轴线与设施空间设置

利用轴线组织外部空间能使空间显得严谨而有序。对每个公共设施都需要体现秩序感、庄重感的校园入口广场、主广场、教学广场而言这是非常适宜的方法。而轴线两侧的建筑与环境要素的整体设计能使这一空间的公共设施氛围得到进一步加强。在轴线规划中，如能取得良好的视觉及功能的特殊性，就可以最大程度地增添轴线上公共环境的感染力。

从外部进入校园，穿行于一系列公共环境之中最终到达教学楼或宿舍，经历的是由外而内，从公共到私用的空间变化过程。在空间的序列设计中，可以运用一系列的院落空间，如斯坦福大学、希伯莱联合学院就利用了强烈的"收"、"放"处理，使其空间序列感更为丰富。

（三）公共环境设施在校园环境中的精神融入

公共环境设施在校园环境中能够体现校园精神。让高等学子在浓郁学术气氛中继承学校的优良传统，展现奋发向上的精神有着重要而深远的意义。校园环境的公共设施设计一般运用以下三种方法将精神内涵渗透其中。

1. 校园环境中公共设施的设计风格

充分利用校园独特的自然景观，创造风格独特的公共设施与建筑环境是建立富有精神内涵的校园环境的重要方法。清华园、燕园早已成为清华与北大校园的代名词，其环境中的公共设施设计所形成的整体风格，深深印入历届师生与到访者的心中。

2. 历史环境的保护与纪念环境的创造

每个学校都有自己的历史，并将这些历史刻写在校园环境之中。通过指示牌、信息板等阅读这些反映校园的建筑、历史，从而更好地领悟校园精神。在校园环境的更新与扩建过程中应注重对这些具有重要历史意义的公共设施加以保护，而在新建校园的环境设计中也需考虑设置纪念性设施，如杰出人物、教育家的纪念展示设施等，并将它们与校园环境相融合，使学生在缅怀中得到激励，将校园精神在潜移默化之中传送至每个学者的心中。

3. 校园环境中公共设施的设计内涵

因为校园环境本身服务的对象是学生，在其公共设施的设计上需要对环境的背景进行分析和归纳总结出一些与之相应的特点。良好的公共设施和景观小品的设置，能

图 2-19 现代的大学入口设施设计　　　　　图 2-20 现代校园的标示设计

较好解决各个区域内的服务环境与舒适功能的需求，减缓由于学习竞争和生活造成的压力，为青少年求知解惑、健康成长提供了各类空间。

校园空间、校园环境中主要包括道路两边的公共设施建设，对内部道路的行车速度与路线加以控制，对道路空间的人行区域加以保护，增加绿化设施以及提供学生运动、游戏、种植、劳动所需的各类场地设施等，这些在校园公共环境中占有重要地位，并直接影响整个校园的布局方式及环境的情趣。

（四）教育环境中公共设施的空间设计

1. 公共设施空间形态与环境

公共环境中服务设施的空间形态与建筑形态是息息相关的。公共设施的平面轮廓和高度与外环境的空间形态都有直接的关联，如用休闲椅的布局来分隔空间，应考虑休闲椅的功能、尺度、色彩、风格与形式，并且要处理好与其他环境设施的组合关系，可在布置的空间上、尺度上作一些调整，与其他的环境设施形成丰富层次感和统一协调的组团。公共设施的设计应考虑校园整个的空间尺度，使高度、形状、色彩等结合空间尺度，才能够相互映衬组成和谐的整体。

2. 校园环境中公共设施的设计氛围

校园中的公共设施使用对象是学生，他们正处于长知识时期，同时又处于长身体阶段。他们需要安静、舒适的环境，更好地学习，同时也希望有足够的课外活动场地，这也是他们对校园环境设施的基本要求。针对校园环境的使用对象和他们对环境的要求，校园环境设施的设计应能反映学生的精神面貌，表达向上进取的气息，提供必要的学习和锻炼的环境设施。

3. 校园环境中公共设施的设计特点

我国学校用地都比较紧张，不可能对各个校园的环境设施进行统一的考虑，只能根据自身的条件限制，适当设置一些运动、休闲、信息服务等设施，一些学校用地采用办公区与居住区结合的方法来设置公共设施的场地。而部分大学校园在城市中有专门的用地,对整个校园能进行整体的考虑,有足够的空间和面积设置休闲、信息服务、停车场、自动售货机等设施既方便了使用者又增加了景观,提供了室外学习、休息的场所。尤其是大学生已经接近成年人,更应注重交往设施的空间设计。

在校园的公共环境设施设计中,一方面是安静的学习、休息、散步的环境设施,另一方面是喧闹的活动场地设施,在规模较大的大学校园内往往分开设置。学习、休息的公共环境设施结合教学楼、宿舍进行布置,活动场地的公共设施则放置在远离教学区、宿舍区的一角,利用教学楼分隔运动场地,可在楼前进行小型的环境设施设计减小相互的干扰,最重要的是做到闹、静区域的分开。

(1) 学习环境设施的设计要求

学生在校园里的目的是学习,校园内应提供学生课外学习、休息散步的环境设施,缓解一天学习造成的压力,设置学习环境公共设施对于有学生住宿的校园尤为重要。一些小型环境设施应放置在安静的地方,避免运动场地和外界因素对它的干扰,同时应有比较大的绿化分隔空间,以改善环境,调节人们生理上和心理上对环境的需求。还应该有充足的照明设施,最好位于教学楼的向阳面。

校园内满足学习需求的环境应有足够的桌椅,一般多为石桌、石凳、木椅、平台等,放置在安静的绿地中并有小径通往那里,每一组自成一体旁边用树木进行围合,间距应以不影响别人为准。一般这类休息设施常结合建筑物和其他环境设施综合考虑。

(2) 校园交往性环境设施的设计要求

大学生已经是成年人,他们渴望了解别人,也希望得到别人的理解,因此在校园交往性环境设施的设计中,应提供足够的交往空间使学生们能够互相了解,促进学习。利用教学楼室内外中庭空间设置交往性环境设施,促进学生们互相交流。有大量的人群聚集的空间,既是开放的空间,同时也有相对安静的角落,角落里的照明设施不要昏暗,座椅也不要直接靠在外墙上,相互之间应有一定距离用花池或灌木分隔。在路边的环境空间中也可以设置一些隐蔽的音响设施,或设置阅报栏、信息栏等积极吸引人们进入空间。也可以设置一些简易的健身设施,并在中间留有大块空地,使空间有较强的聚合感,同时还可设置简易售报亭、售货亭等服务设施,把学校的交往性环境设施设计成积极的、开放的、有主题精神的、适应学生课外活动的公共设施。

(3) 校园广场环境设施的设计要求

学校的前广场可称得上是学校的门面,以一个独特的空间形象作为学校的标志展示在世人面前。校园的主广场在校园中比较重要,而且广场的形态也比较固定。

校园广场的总体布局大部分采用中轴线对称布局,沿道路两侧对称地布置环境设施展示牌、路标、卫生箱以及路灯等,给人以端庄、严整的感觉。广场的后面,即轴线的终端为学校的重要建筑物——图书馆或教学楼等,建筑物也是对称的,轴线和广

图 2-23　校园环境中公共设施的氛围

图 2-21　校园的指示牌设计　图 2-22　校园的广告牌设计

场的轴线重合。为了强调中轴线，在中轴线上布置主要的环境设施，两侧布置辅助环境设施，使广场保持一定秩序。广场公共设施的设置也是比较重要的，必须有代表意义，同时还要反映学校的主题，由于采用对称布局，造型应严谨。在中轴线两侧大片的草地上放置更多的设施，可以充分体现出广场的严谨、稳重。

图 2-24　教学楼前的公共设施设置

三、公共设施设计在城市花园中的构成

（一）城市中心花园的公共设施

城市中心花园的公共设施设计在城市规划中是不可缺少或者说是不可分割的一部分。公共设施同城市建筑、街道一起在整个城市设计

图 2-25　校园交流环境设施的设计

里相互渗透与穿插并列存在。它也是开放的空间，是人们交流、散步、休闲的场所，是追求人情人文精神必不可少的。在公共环境设施的艺术设计中，城市公园的环境设施属软元素，就照明光环境设施而言，可谓同中有异，各有特点并富有浓郁的艺术表现魅力。

1. 城市花园的公共设施设计

应根据各区域的特质与功能确定照明方式，突出照明氛围。可适当利用树木作背景，以表现公共设施醒目、清晰的轮廓或者是明暗和节律。花园的夜景照明方式根据不同的景点特质要求分别予以处理。纽约第五大道五十三街上的培利公园，夜间由灯具照亮，在繁忙的街道上形成一个安静的角落，水幕墙同时也成为前面主体剪影的衬景，并不刻意照亮其他环境，以维护城市公共花园的安静和幽雅。

2. 在对绿地夜景照明进行设计时，应保证夜间绿地外貌清新鲜艳，注重灯光的色彩与花坛相结合。表现树木可采用低置灯和远处灯光相结合的方法，可以用全方位的上照方式，将若干灯具置于树下照亮整个"背景"，强调环境和树木的姿态；也可以采用剪影手法，将背后的墙面照亮，使枝叶成为黑色的影子。表现空间时应合理组织光源，注意草地的明暗深浅变化。绿地照明灯具宜采用汞灯、荧光灯等，以泛光照明为主、灯具照明为辅的方式使光更具表现力。

（二）街道与广场的公共设施

城市街道与广场的人工光环境设施，既要满足夜晚必需的基本使用要求，也要根据街道、广场的性质和特点科学而合理地组织光源光照。一般普通街道以路灯为主，商业街道则可利用路灯、橱窗照明、招牌照明等照明设施。广告媒体照明与建筑照明可以组合综合使用。街道环境的照明设施中主要是突出其艺术性，体现高雅、宜人的街道光环境。

广场光环境设施的设计应根据广场的大小、形状、性质及环境氛围，确定照明方式、塑造照明气氛及创造光环境的艺术格调和情境。广场照明设施讲求显隐、主次、明暗和色彩冷暖变化，以灯具照明为主、局部泛光照明为辅，同时考虑与周边建筑物及其他设施照明衔接和延续，避免造成孤立现象，并尽量避免周围建筑物照明的眩光现象。

（三）城市中心花园的水景艺术设施

水体夜景是城市光环境中最富有诗意的，它以梦幻般的情景，缥缈的景象和绚烂多姿的形态，强调环境氛围。

水体照明设施主要用于反映水在静态时的夜间效果，一般在周围布置照明装置。如贝聿铭设计的波士顿基督箴言报广场前的水池，在大楼界面结构中的球形灯具映射下清澈见底，宛如镜面，灯光映衬在水面上形成倒影，显现梦幻意境。

在城市环境中最为多见的是对喷泉的照明。通常喷泉处于空间的视觉中心，夜晚灯光映射在飞溅的水花上，美妙而迷人。美国加州圣荷西广场便是光与水的精彩范例。广场地上的玻璃砖形成交叉的格子，而交叉部分则是水柱的出口。每条水柱由隐蔽在喷头下的四盏灯小孔照亮，同时玻璃砖也被照亮，使行人游客似乎身处光格与光柱之间，而喷出的水自然地沿斜坡汇流向槽渠。为了控制广场光的品质，周围的公园灯改为较白、显色性较好的复合金属灯，使橙黄的道路灯有一定的过渡层次。

喷泉照明设施原则上明暗要有所变化，重点照亮喷泉顶端从而突显水花、水雾、水造型，为突出水的纯净，可采用单光照明。瑞典斯德哥尔摩车站前的水池内圆形的玻璃罩是地下层的天窗，夜间天窗下的上照灯将水面及喷泉照亮，令地下商场的顾客体验到奇妙的视觉感受。

图2-26 校园广场环境设施设计

图2-27 城市中心广场的公共设施设计

图2-28 城市街道照明设施

图2-29 城市广场照明设施

图2-30 城市广场喷泉设施设计

图2-31 住宅小区公共环境设施设计

图2-32 住宅小区公共设施休闲区设计

图2-33 住宅小区公共设施多元化空间设计

四、公共设施设计在住宅小区中的构成

（一）住宅小区公共环境设施设计

现代住宅小区的共同特点是优秀的管理以及人性化的设计。现代化的设施、高尚典雅环境、浪漫温馨的公共空间，这些都是现代住宅小区所追求的目标。人们在有限的室内空间内难以实现的理想，都将寄托在整体小区的公共环境中，所以追求绿色、自然、温馨、健康的设施环境是人们共同心愿。

居住区公共环境的质量对个人很重要，因为人们的绝大多数基本需求必须在居住地附近予以解决。所以我们的居住区环境设施设计要满足人的生活需求。随着商品经济的发展，住房消费也已经成为现代都市居民消费中的重要内容。居住区中环境设施设计的优劣已经成为房产开发商和消费者最关心的问题。一些开发商为了吸引买主甚至在房屋尚未建成之时就将公共环境设施先行建好，以此促进楼盘销售。这种做法也从一个侧面反映出现代的城市居民已不仅仅局限于看重住房条件，室外小区公共环境设施也成为人们重视的元素之一。

（二）居民对公共环境设施的需求

居民对公共环境设施的需求特点归纳起来，有以下几方面要求：

1. 生理需求

充足的光照、良好的通风、新鲜的空气、适宜的温度和湿度，无噪音的干扰等，这些都是人们对于居住环境设施的基本要求。在设计中应合理布局，要有充分的日照，良好的通风设施，与适当的空间布局可提供新鲜的氧气，而对于减少噪声的干扰则需要科学地结合公共设施产品的内部性能来完成。

2. 行为需求

居民在日常生活中户外活动、出行、休闲、交往、游乐、散步、乘车等活动都需要在适当的空间中进行。不同活动要求有与之相对应的环境空间，不同年龄、性别、职业、文化背景、兴趣爱好的人对于空间的要求也不同。波兰卢布林小区室外活动场地布置是通过对不同年龄段居民活动加以区分进行设计的，即使在一个室外场地通过一定的空间限定、公共设施的设置、环境公共设施小品的布置，也能为各种特定活动提供理想的场所。

3. 安全需求

住宅小区活动需要不受行车干扰的安全环境，快速行驶的车辆对于小区居民无疑是很大的威胁。大量外来人员的随意穿行、停留也会给环境带来不安全因素。因此可以通过设置路障、凉棚等公共设施来实现人车分道行驶、曲折道路减低车速等，加强技术性防范措施与增强环境的领域感来创造可防卫的公共环境空间是有效的方法。另外所设计的儿童游戏设施场地位置、尺度都要严格遵守人体工程学的要求进行设计。把游戏场设在多层公寓住宅围合的庭院内，使居民从自家窗口可看到

图2-34 住宅区交流、休息公共设施设计

图2-35 住宅小区公共设施的艺术处理

图2-36 住宅小区公共交通设施设计

图2-37 公共交通设施的立体化设计

儿童在场地中的活动情况,同时也可观察进出人流,这也是一个从公共空间至私密空间的过渡。

4. 社会交往需求

居住区的环境不同于城市公共环境,需同时反映社会性与秘密性。对于小区的老人公共环境可能是最重要的交往场所,社区内的交往能使老年人与社会保持密切的联系,还可以减轻孤独感,帮助他们更加健康、快乐地生活。对于儿童,小区的公共环境也是除

图2-38 居住区公共信息化设施的设计

教育场所之外与同龄人及成年人交流的主要场所,使他们能够全面的发展、健康成长。使老人和儿童能够自由、安全并且乐于在居住公共环境中交往、活动是公共环境设施设计的重要出发点之一。

交往、活动空间应具有较强的领域感,易于激发居民交往行为,其次,交往行为有一定尺度界限,当距离100m时,邻里间接触与往来明显减少,当邻里单位达到5000人规模时,居民恐怕永远不会完全认识或相互接近。合理的住宅组团规模和

公共环境设施，对建立牢固的邻里关系十分重要，此外，住宅的布局和入口的设置也十分重要。交往空间的适宜性是重要前提，环境设施与人们的生活习惯、心理习惯是否吻合，能否对其行为构成引导也是设计成功与否的关键。由于交往空间的不适宜，人们并不愿在此驻足停留，预期的交往行为也就不存在。我们在对待交往空间场所的公共设施设计时需先进行适当的人流、行为及环境条件的评估和预测，不能一厢情愿地组织理想中的行为活动，这对于创造公共环境空间附加值是有利的。

5. 审美需求

作为一种生活环境，应该赋予居住区环境实用的属性，更应赋予其美的特征。美的环境使居住者获得精神审美的满足，也是激发他们参与到环境活动中的动力。所以在设计公共环境设施时除了符合人体工学、基本的使用功能之外，还要在色彩、造型等方面上进行艺术处理。创造美的生活环境就必须了解当地居民的审美习惯和传统，只有充满地域性、文化性、民族性、时代性、反映人们生活的真实美的公共环境才是居住者所期盼的。

（三）居住区的公共环境设施设计手法

居住区的公共环境设施是居住空间的一部分，相对于城市道路中以车行为主的特征，居住区内道路则应将居民的步行以及在道路环境中的各种活动置于更重要的地位。

如何体现居住区公共环境设施的这一重要特征呢？首先在道路的总体布局时应强调道路设施的分级设置，使车辆各行其道，避免居住空间不必要的车流穿行。在居住区公共环境设施的设计中，道路的流线型设计是采取的手段之一，因为这样可以控制外部车辆的穿行并控制车速，以创造良好的公共环境的和睦氛围。

1. 居住区的交通设施与停车场的设计

一种是立体化人车分行方式，日常车辆进入小区后直接入地下停车库，或者是车辆行于地面而人流穿行于架空平台上。另一种为平面分离，车行道环绕小区外围而从人行道与内部相连，并与各种活动场所相联系。人车分流使居民可以在小区内自由活动，享受着在居住区的公共环境中活动的乐趣。交通设施的设计方法可根据住宅小区的规模及具体情况在整个住宅小区内或局部范围内采用。

2. 居住区的街道公共设施设计

街道是指在街道上人们可视范围内的街道设施，它包括：两侧的建筑物、标志性的构造物、城市的轮廓线、车行道人行道以及交通指示牌、路灯、阅报栏、广告牌等。这些街道设施能活化空间、调节环境气氛、增加街道情趣，是街道空间不可缺少的原素。也是调节公共小区文化气息的软环境。因为在街道上形成了无数适宜休息、活动的空间节点，从而改善了城市居民的生活空间。

第三章 环境设施设计的要素及工作计划

第一节 公共设施的设计要素

环境中的公共设施要素绝大多数属于更替较快的"可变要素"。历史文化环境中的一些环境设施要素一般都失去了效用方面的意义,对于其中一些可利用、与环境密不可分、有较高文化价值的公共设施应予以保留。更多的情形是需要在环境中新增许多公共设施要素,信息设施、卫生设施、娱乐服务设施、照明安全设施、交通设施、无障碍设施等大多是现代社会的产物,应使之与传统环境相协调并有所创新才能增加公共环境设施的统一性与舒适性。

如路灯等照明安全设施对环境效果具有的影响力,是在所有建筑外环境中都会面临的一个问题。在历史文化建筑外环境中它们是"异类"更显突出,解决的方法主要有三种:(1)电线地下化。(2)电杆旁通化(这是指电杆与主要传统街道、广场错开,从背侧送电的方法)。(3)电杆形式处理(指不得以的情况下运用木材、铸铁等与环境较和谐的材料,通过细致的形态设计,减少对环境的破坏)。

因为地域的历史文化、教育、环境、娱乐的不同,如信息要素中的广告牌,道路标识,娱乐服务要素中的座椅、长凳、露天等设施是非常重要的。在其形态设计中,无论是采用传统风格还是朴实简洁的现代风格都需考虑使其融入环境,避免喧宾夺主。

在环境设施的配置中应注重对环境中的主角如一些传统建筑等主要环境要进行全面调研。公共设施设备是城市环境的一个重要组成部分,是构成户外空间必不可少的物质基础。公共设施设备与建筑、街道、广场、绿化等共同构成了城市形象,体现了城市的风采和特点,表现了城市的气氛和性格。

公共设施设备与建筑、美术、音乐一样伴随着人类文明而诞生,并遵循城市环境、文化和机制的要求而不断地向前发展和变化。作为一项科技和艺术紧密相连的综合系统工程,公共设施设备正呈现出适应城市生活日益复杂多样与信息符号功能急速扩大的态势。公共设施设备的内容和功能也在不断地充实、改变和完善,作为城市建设的衍生物和城市环境整体化的要素,公共设施设备的发展势必激发城市风貌的更新和品质的提升。这种双向互动共生共荣的关系和作用,其实在建筑和人类聚居部落形成的初始即已存在。随着人类文化的进步、生产力的发展以及聚居部落形式的扩大,人们不断地创造新的公共设施设备来满足自身物质和精神需要。

世界上许多国家和地区都十分重视公共设施设备的规划、设计、实施和管理。随着现代城市功能的日益完善,人们对公共设施设备的内容和形式也提出了更高的要求。

公共设施设备的形态究其根源是一种文化的形态和文明的结晶。文化与科学、生活方式与社会经济、城市建设与社会发展是推动公共设施设备发展的重要的动力。

一、功能与安全要素

公共设施设备泛指城市公共环境场所与一切人的活动领地、领域所必需的实质物体，所以公共设施设备有街道公共设施、户外道具和城市配件等称谓。公共设施设备以环境整体化、功能综合化、细部精致化为契机和基本特性。公共设施设备凸显出与城市空间环境有机和谐的整合性，并已超越自身的领域，在人群活动行为与城市空间中发挥不可替代的媒介功效，成为人与环境的纽带。

公共设施设备的构成包括：功能、环境意象、装饰和附属功能。公共设施设备的功能存在于设施设备本体，它直接向人提供使用、便利、安全防范等服务，是设施设备的外在显现，是首先为人所感知的功能，因此也是它的第一功能。

（一）公共设施的功能要素

在生活环境中，公共设施设备的功能体现比比皆是，街道路灯的主要用途是夜间照明，以保证车辆行人通行安全；城市广场周边的护柱主要作用在于拦阻车辆驶入等。

环境意象是公共设施设备通过其形态、数量、空间布置等方式对环境予以补充和强化，通过行列与组合的形式出现，对车辆、行人的交通空间进行分划，并对交通方向起引导暗示作用，这是通过公共设施设备与特定场所环境的相互作用显示出来的。

装饰是公共设施设备从其形式、形态构成特性对环境所起的烘托和美化，比如材质处理、色彩选用以及细部的点缀等均属于装饰，它包括单纯的艺术处理和有目的地对环境特点、氛围的呼应和渲染。

附属功能指公共设施设备的主要功能之外，同时还具有的其他使用功能。在候车亭里设置广告牌，路灯上悬挂指路标识，休息坐具下安装照明灯具等，以上四种功能常常呈现出因物因地而异的特点。

影响公共设施设备的功能要点归纳集中起来大致有以下五方面的内容：(1)历史与人文环境的因素；(2)自然环境与人工环境的因素；(3)行人与车辆之间的交通因素；(4)中心城市的整体风貌、综合特征和独特等因素；(5)周边区域附属设施设备的设置与配套实施。

公共设施设备量大面广，在规划实施时以整体系统的观点进行宏观的把握是十分必要的。在进行总体空间环境设计时，应理清城市规划、城市设计、公共艺术设计规划系统主干，给予合情、合理、合适的网络分布。在设施设备的功能、造型、材料、质感、色彩、技术、视觉特征和风格等方面，以系统化、人性化、个性化为目标，注重以人为本的设计宗旨，体现细致周全的服务性和亲切怡人的便利性，直观地表现时代、历史、地域、生理、心理、文化、精神乃至政治、民族、国家的风貌特质。

公共设施设备设计不能仅仅考虑其使用功能，而应充分推敲公共设施设备与环境的关系，同时要关注使用的舒适和便捷。因此，以有限的数量对广大地域进行整体规划和布局，选择理想及适宜配置的地点，在公共设施设备中就显得十分重要。人群户外活动行为的差异对于空间所产生的需求，正是设施设备的功能特质。网络的布置、地点的选择都应以空间行为的理解与动态规划的预想为基准，力求满足不同活动和行为的需求。

图 3-1　公共设施体现了城市的风采和特点　　　图 3-2　城市公共设施标识的组合特点

公共设施设备的功能设计要充分意识到人群行为习惯的多元性。如人类的行为常表现为不可预测或控制的形态,所以任何设施设备对不同的人都可能有不同的意义及使用行为的产生。同时,设施设备的维修和管理也应统筹考虑。

公共设施设备功能的形态构成是设施设备外观与内在结构显示出来的综合特征。公共设施设备由其自身的性质内涵、关系和外在形象组成。设施的性质内涵经过人的思索和感悟后才能理解内在的文化价值观;关系主要体现设施设备造型和形式与其他要素的结合,折射反映设施设备所在场所的综合意义;外在形象给人带来第一视觉效果和心理感受,它能直观地体现时代气息和环境风采。

公共设施设备功能的设计主要着力于研究公共空间、城市环境和人群行为三者的相互关系,着眼于环境、行为及设施设备要素构成的行为场所的塑造。究其目的可分为三个层次:(1)满足人们城市公共生活活动的基本需求。(2)构筑一个更符合现代人意愿的公共生活环境。(3)创造人与人、人与物、物与物之间的交流媒介,并通过媒介来引导、启迪交流与沟通。我们可以在三者综合的基础上进行城市文化氛围的构建,从而有利于城市、区域、文化的系统开发和持续性发展。

宜人而适人心怀的公共设施功能,对于综合空间的整体提高使用效率、增加视觉动感功效、丰富环境语言和增加时代人文气息,具有不可替代的作用。在对公共功能进行设计时,要充分突出设计者对广大使用者细致入微的关怀和对城市健康而昂扬的性格进行的表现。因此,城市公共设施设备是积淀凝结在城市精神文明上的缩影和成果。

公共设施设备按其功能和类别可分为:休息系统、卫生系统、购售系统、通信系统、交通系统、游乐系统、管理系统、照明系统、信息系统等。

1. 休息系统

休息系统有椅、凳、桌、遮阳伞等组成,它们是公共环境中常见的基本设施设备。椅凳所在处往往成为吸引行人集聚休息的场所。椅凳体现了一定的公共性,它们的安置必须适应多种环境的需求。休息、观赏、交谈和思考等是人群依凭椅凳而生的主要形态和姿态,因此椅凳应尽量设置在安静的环境中,并要便于行人使用。

休息系统中的椅凳以长椅最为重要，所以对长椅材质和造型的选择也要做到多种多样。许多空间环境的氛围往往是围绕着长椅而形成的，因此其位置的安排与摆放方式成为考虑的重要因素。对长椅的造型、色彩及位置安放的聚散等均需推敲权衡，同时在安放长椅的地方，可配置遮阳伞、卫生箱等服务设施。

　　亭廊也是休息系统中的重要组成部分，通常亭廊是人们活动和休闲聚集的场所，亭廊一般由柱子支撑顶棚内设置休息设施。亭的外形有正方形、六边形、三角形、圆形，也有组合型，以方形最为常见，以此构成区域环境的导向性标志。廊的布局形式比较自由，具有较强的导向性，有直廊、曲廊、折廊等。亭廊的设置构成了联系空间的纽带，疏朗风韵、层次穿插，成为怡人的休想娱乐场所。

　　2．卫生系统

　　垃圾箱、厕所、烟缸、饮水器等公共卫生设施设备系统中，以垃圾箱数量最多。由于弃置垃圾时在情境与数量上的差异性，产生了各种不同形式的户外垃圾收集设施。户外垃圾收集设施一般分为单独型和集中处理型两种。单独型处理设施设备以休息或商业中心城区为主要设置地点，尤其在交通要道、人群集中和自动售货机附近最容易产生小量、游移性质的垃圾，因此，这些地方对垃圾箱的需求是数量大、容量小。

　　由于资源回收与公共垃圾处理的需求，对能收集大量垃圾的处理装置需求日见增多。其特性是收集垃圾的容量大，而这种垃圾收集器的数量相对比较少。此类垃圾收集器的体积较为庞大，因此设计好集中处理垃圾装置的形态、造型、色彩和所用材料的选择等都很重要。烟缸通常用铁皮、铝合金、陶瓷、不锈钢等材料制作，内部可更换替代，要求密封性强、造型简约。

　　厕所是公共场所不可缺少的卫生设施。在我国城市中，公共厕所的数量普遍不足，从而直接影响我国城市的风貌，导致管理水平的低层次徘徊。厕所内又包含卫生设备、盥洗设备和收费设施等。若以形式来区分，厕所可分为流动式和固定式两类，流动式厕所或为补充固定厕所数量不足而设，或为针对不定时间、不定地点所举办的大型展销会或活动而设。固定式厕所占空间较大，宜重视环境的整体效果。

　　3．购售系统

　　购售系统包括自动售货机、流动售货车、书报亭以及各式服务亭站。购售系统的这些设施具有小型多样、机动灵活、量大面广、购销便利、服务内容单一的共同特点。由于它们造型小巧、色彩明快大方，因此也是构成公共环境的重要设施，它在商业环境中占有不可或缺的地位。

　　购售系统网点的配置布局应注意做到和人流活动路线的一致性，方便人们识别和寻找，同时在销售设施的造型上应力求新颖并具有浓郁的时代气息，注重和环境主题相符，形态、色彩等应尽力反映服务内容。在网点摊前应该留有足够的空间场地供人活动。

图3-3　城市公共设施外观与内在结构

图3-4　城市公共设施的休息系统

图3-5　城市公共设施的卫生系统

图3-6　城市公共设施的卫生间、盥洗设备

　　国外自动售货机以投币式居多，主要用于销售香烟、饮料、食品、报刊等零星物品，外观大多做成箱形，色彩明快大方，网点设置相对集中。流动售货车机动性强，内容品种较为丰富，一般多用机动车改装而成。英法等国的流动售货车常用旧式汽车改建、修饰而成，别有一番新意和情调，为环境增添了怡人的氛围。

　　4．通信系统

　　通信系统主要指电话亭、电话站和邮筒。在现代化城市街区中的数量多、分布广、需求量大，其形式分为电话亭和电话站两类。电话亭可独立设置，也可两间或四间联列甚至组群集中，设置的疏密应视人流数量频率及环境性质而定。电话亭的形式大体有封闭隔声式、半封闭式和半露天式三类，材料以玻璃和金属结构为主。与简易电话亭相比电话站普遍呈现出具体的建筑形态，常依附在主体建筑旁或位于住宅区出入口处。

　　邮筒要求投取便利、信件安全并与交通繁忙处保持一定距离，形式有独立式、壁挂式和埋入式三种。式样、规格、色彩、材料和造型应统一，使之呈现出安稳、信赖、亲和的意象。

　　5．交通系统

　　交通系统除交通标识外还有交通候车亭、自行车架、停车场等。交通候车亭一直处于不断更新改造的过程中，可见其重要程度。当前候车亭由于采用了新结构和新材料，所以体量上逐渐趋于轻巧，造型和色彩也趋于多元化。近年来，国内部分城市更新增添了众多自行车停车架，为满足存取和景观要求，通常采用密集的行列式和格栅式固定车架，整齐而美观，具有存放率高、安全性强等特点。

6．游乐系统

公共环境中适当配置游乐设施，平添空间的欢快喜庆气氛和勃勃生机，以满足人们活动的需要。游乐设施包括游戏设施和娱乐设施，具有不同的使用对象和设置要求。

游戏设施是为学龄前后年龄段的儿童设置的，包括秋千、木马、滑梯、压板、攀登架、转椅等，满足和促进儿童攀、爬、跳、转、立、行的需求。游戏设施的设计配置要注意以下几个要点：

（1）着眼于儿童的生理和心理特点，既要促进儿童的智力发育，又要努力使他们身体健康成长。

（2）游戏空间布局要合理考虑儿童的使用半径。鉴于成人在旁保护便捷的需要，可在近处为成人提供休息设施。

（3）儿童游戏设施和器械必须保证使用的绝对安全，可利用绿化矮墙、栅栏、沟渠等形成相对封闭的袋状空间，与外界作适当的分隔。

（4）儿童游戏设施应着力于结合综合环境的特点，整体考虑本地域的生活习惯、地理气候、文化特质及外界因素的影响等，联系其造型设计，力图以鲜明的形象、色彩、质感、形态促进儿童身心的健康发育。

游乐设施是供儿童、少年及成年人共同参与使用的娱乐和游艺性设施。游乐设施品种类别繁多需要有相当的空间面积，通常设置的游乐设施有迷宫建筑、游艺房、观光缆车索道、空中吊篮以及各类回转器械、运行器械等、下滑器械，还包括各类小型娱乐设施和附属设施。因其占地面积大、内容多、噪声大，在规划布局时应考虑其空间结构布局，力求平面与立体结合、大小设施结合。在保证使用娱乐设施安全性和便利性的基础上，力图减少和弱化对区域公共环境的负面影响和干扰。

此外，体育类健身、娱乐设施也颇受大众市民的青睐。国外城市在绿地广场中设置健身设施，这样既锻炼了身体，又启动了思维，趣味盎然。它具有占地面积小、运动幅度适中、老少皆宜的特点，若几种器具集中设置，可因地制宜形成特色。

7．管理系统

管理系统中的边界、栏阻、隔离、交通指挥设施等是公共设施设备范畴中必不可少的一部分，包括强制性阻隔和限制性阻隔，它们可用栅栏、护柱、绿篱、墙垣、花坛等组成。

绿篱和墙体可起到明显的边界效果。绿篱因其高差、品种、形式的丰富和差异，一方面具有绿化、净化、美化和优化环境的功能，另一方面又能分隔空间、营造构筑空

图 3-7 城市公共设施的购售系统

图 3-8 城市公共设施通信系统

图 3-9 城市公共设施交通系统

图 3-10 城市公共设施娱乐系统

间氛围。墙垣、花坛以及建筑物的外墙均具有极强的边界和阻隔功能。40cm 高度的墙，人可坐在上面；120cm 高度的墙；人可以靠在上面；而超过 180cm 的墙，则完全阻隔了人们的视线。

运用沟渠进行拦阻隔离也可以实现较理想的边界效果。沟渠拦阻一般多见于居住小区和文化教育机构比较集中的地段区域。对空间实施栏阻的同时，也为人们室外活动的细部环境创造了优美的动感因素。

交通栅栏、护柱、横道线及各种交通符号标志，都是对行人、车辆的运行作有目的的积极规劝和引导，让人们能够就此进行有秩序高效的活动。

阻挡设施一般根据材料、高度和宽度分为硬性阻挡、临时阻挡和警告阻挡三类。硬性阻挡通常采用硬质材料，并有一定高、宽度，强制性指导人们的行为，如高大院墙、密实绿篱、宽远的沟渠等。临时阻挡设施的材料多以软硬材质相结合为主，一般都能跨越，主要起规矩和限定的作用，其中以栏杆、绳索、矮篱等最为常见。警告阻挡本体并不妨碍人们的穿行活动，一般通过地面的高差、色彩和材质的变化暗示，借以阻隔人车的逾越。

消防栓自古罗马广场中的流泉开始，虽历经二千余年的演变但消防栓的中心概念依然是"储水以救火"。其基本形式出于保护、坚固与使用等方面的考虑，多半仍以金属材料为主要构成元素。

8. 照明系统

公共照明系统由高位路灯、低位路灯及重点装饰照明组成。高位路灯由较高的位置向下投射，使整个地域环境在夜晚保持必要的亮度，使之明亮、安全且令人喜爱。

高度在100cm以下的低位路灯，常被设置在步行用的小径、花园植栽间，以及周围环境照明不充足的阶梯等区域，是高位路灯照明的补充和完善。低位路灯造型新颖、形式多样，发挥余地较大，比较容易渲染塑造气氛。重点装饰照明主要用来强调历史性建筑、纪念碑、雕塑、流泉、绿化、商业街区及重要景观区域。

9. 信息系统

公共空间中的信息系统有空间信息、操作信息和广告信息三类。空间信息一是起说明性的作用，它显示空间组成元素的信息，如地图、平面配置图等；二是起引导作用，通过引导来标示地点与方向；三是起提供名称、标示特定地点信息的作用，如路牌、地名、门牌号等。操作信息由控制、解说、布告三类构成。控制指安全管理与设施使用上的指导，如注意、禁止或指示。解说为内容说明与介绍，如使用说明板。布告提供随时变动及临时发生的信息，如布告栏、留言板等。与之相近的还有各式阅报栏。广告信息指扩大认知与争取认同为目的的信息，如欧洲城市中的海报塔、广告旗帜等。

信息系统依照区域的不同一般分为七类：1) 居住性标志：以居住小区和集合式住宅为主。2) 城市标志：以城市说明为主。3) 公园标志：以公园绿地管理为主。4) 交通标志：以机动车指示为主。5) 商业活动标志：以商业活动的说明为主。6) 公共设施标志：以个别公共设施指示说明为主。7) 地标性标志：以高楼、纪念碑、雕塑等景观的指示说明为主。

10. 其他

在城市公共设施设备系统中，尚有众多设施未能归纳概括在以上几个方面，比较重要的还有桥、塔、门和计时器等。

1) 桥：城市中的桥丰富多彩，形态各异，有供行人跨越街道的过街天桥，有连接若干建筑物的空间廊桥，有行车的立交桥、高架桥，也有飞跨江河的水桥。它们不仅具有交通、联系、疏导功能，而且是城市环境中的识别标志，某些特殊地域的大桥，常成为城市重要的景观标志设施。过街天桥是连接街道两侧步行道的空中交通设施，也有通过过街天桥组成空中步行系统的。过街天桥在一定程度上改变了人车拥塞混乱的交通状况，增加了人们在室外活动的安全性，使城市步行系统构成整体。同时，过街天桥在领域环境中是环境的方位标志，也是疏导、暗示和分隔的设施。空中廊桥多见于商业街区，若干商厦商场通过空中廊桥彼此联通、互相联

图3-11 城市公共设施中隔栏、花坛等管理系统　　图3-12 城市公共设施消防管理系统　　图3-13 城市公共设施照明系统

系，既缩短了建筑物之间的距离，又使顾客或行人感到便捷和舒适。空中廊桥架设在空中，自然会构成视觉聚焦点，因此其形态形式、材料质感、色彩造型等均应反复思量，斟酌行事。

2）塔：塔与桥一样涉及多种专业，是各类因素的综合表现，塔的重要性众人皆知，不言而喻。就塔的形态形象而言，往往成为一个城市的标志和象征。例如，巴黎的埃菲尔铁塔、上海的东方明珠电视塔等。

现代城市中的塔担负着众多的功能，涉及到广播、电视、观光、办公、酒店、导航、监测、广告、装饰、会议、节庆活动等功能，成为城市生活不可或缺的一部分。塔通常在城市空间中起到控制点的作用，是人们视觉的焦点，也是环境识别的标志。塔的设计不仅涉及到经济、实用和美观等因素，在深远的层面意义上而言，它对城市的形象、意象、环境、空间和人文氛围产生的重要影响和在城市生活中发挥的积极作用是不容忽视的。

塔的特征由塔的功能、材料、结构、色彩、尺度等外在因素和塔的空间构架衔接关系、城市意象、文化特色、民族及地域特征等内在因素综合而成。

3）门：城市公共空间中的门，大多位于空间的序列或中央，起到界定空间的作用，而并非在实际程度上起到门的作用，一般不影响人车的通行。门的设立旨在树立和构筑人们心理上门的概念。

标志性大门是城市或区域的坐标，是所在场所性质的体现，它以独特的功能和形象，在环境中被人们所认知。例如，巴黎凯旋门和德方斯新凯旋门等，根据所处位置区域的历史、社会、文化的意义，奠定了在整体环境和城市空间中的功效，成为反映城市意象风貌的地标。

另外，也有纯粹地理区域界定的大门，其形态更趋简练。上面的文字数字提醒行人司机所在区域，具有划分、限定空间的作用。

城市公共环境中，数量最多的是千家万户的院门，包括工厂、学校、机关、公园、居住小区的门等。这种门强调内外领域的分隔，强制性地限制人车的出入，成为进出的通道和界定限制内外领域的空间标志。

4）计时器：在城市绿地、街心花园、街道或广场中，设置装饰性、信息性合二为一的计时器，往往能起到活化、优化环境的作用。

计时器向人们传达时间信息，表明城市生活节奏，折射出城市文化和效率。计时器所用来显示时间的方法也是丰富多彩，如机械表、电子表、自鸣钟等，往往以别致的造型、新颖的形式和醒目的色彩质感，构成区域环境中的标志性景观。

（二）人体工学的结构安全要素

根据公共设施与人体的关系，可把公共设施分为人体间接设施和人体类设施两种。间接设施是指与人体接触时间短的交通候车亭、自行车架、停车场、自动售货机、流动售货车、书报亭等环境设施；人体类设施主要是指与人体密切相关的直接影响人体健康与舒适性的公共设施，主要包括座椅、电话亭、垃圾箱、厕所、烟缸、饮水器等环境设施。不管是哪类公共设施都要根据人体的尺度和人体生理特征进行设计。

公共环境设施的设计主要是以人体身高和动态活动范围（近身空间尺度）作为依据的。人体的身高与公共设施及生活用具尺寸的关系是十分重要的，为便于公共设施的设计，下面对人体立姿和坐姿的近身空间作简单介绍。

（1）立姿近身空间：立姿上肢活动空间尺度。人体操作空间和设施尺度要以此为依据进行设计。

（2）人体水平面作业三维空间尺度：作业台等水平面作业空间尺度。桌、坐具、台等空间尺度的设计要以此空间尺度作为依据。

（3）立姿空间尺度划分，如售货柜（架）的设计要考虑人体身高来设计，可根据国家人体尺寸标准，按照人体尺度使用原则来确定设计尺度。

（4）坐姿的空间尺度：5％百分位计算的坐姿近身空间尺度。可知抓握式操作的抓握半径男性为65cm，女性为58cm。

（5）活动面高度：活动面的高度对作业效率及肩、颈、背和臂部的疲劳影响很大，因此应该从人体工程学的角度来对活动面进行设计。一般情况下使小臂保持水平或稍向下倾的作业面高度为最佳，单手活动时一般在肘下 5～10cm 为佳，而坐姿时的作业面高度随座椅高而变化。总的原则是保持作业时小臂水平或向下倾，是站姿和坐姿时的作业面高参考值。但一般人的身高变化很大，对用椅的尺寸有一个相对标准值，主要有以下几项：

1）椅面高＝小腿长 2）桌面高＝小腿长＋1/3坐高
3）眼睛与物之间的距离＝2/3坐高 4）桌面左右宽＝坐高
5）桌面前后＝2/3坐高

图 3-14 公共设施中的城市标志

图 3-15 公共设施中的广告标志

图 3-16 城市公共设施交通标志

图 3-17 公共设施商业标识

图 3-18 公共设施导示系统

图 3-19 城市公共设施指示牌

图 3-20 城市公共设施廊桥设计

图 3-21 城市公共设施塔楼设计

第三章 环境设施设计的要素及工作计划 049

1. 人体坐姿与座椅设计

公共环境中人们在生活和休闲时,离不开座椅,人1/3以上的时间在与座椅打交道。因此座椅设计除了材料与造型美观以外,更重要的是要符合人体工程学设计原则,即进行座椅设计时必须充分考虑人体的坐态生理特征。

从坐具的历史看,过去人们比较注重椅子的造型,通过特殊造型和装饰来象征使用者的地位。但是好看的座椅不一定好用,坐上后的舒适性不一定好。随着人体工程学的发展,人们开始注重舒适与健康,特别是欧美国家,把舒适性和健康放在美观造型之前。我国在公共设施人体工程学方面的研究几乎没有,公共设施设计只关心造型和材料,对人体工程学的研究不太关心,这就是我国公共设施与国外公共设施的根本性差距,也是影响我国公共设施质量和功能的关键因素。

2. 人体坐姿生理特征

人的最自然的姿势是直立站姿,直立站姿时脊柱基本上是成S形的,与直立站姿相比,坐姿有利于身体下部的血液循环,减少下肢的肌肉疲劳,同时坐姿还有利于保持身体稳定。但是由于坐姿时骨盆向后方倾转,因而使背下端的骶骨也倾转,脊柱由S形(正常形)向拱形变化,这样使脊柱的椎间盘受很大压力,导致腰痛等疾病。坐面设计不妥会使大腿受压迫,阻碍下肢的血液循环,造成下肢麻木。研究表明,第三和第四腰椎间所受的压力最大,坐姿对下半身(下肢)有利,而对上半身无利。设计座椅时,考虑人体姿势是极其重要的。

人体脊柱断面模型,脊柱活动时,椎骨1和椎骨4加给椎间盘的压力发生变化,椎间盘长时间受压时会导致腰痛。因此,座椅设计要保证椎间盘压力最小。

(1) 倾角与椎间盘内压力:不同座椅面的倾角会导致不同的椎间盘内压力以及背部肌肉负荷。因为座面倾角越大身体就会用力前倾,因而引起椎间盘内压力和胸部以及背部肌肉负荷的增大。当座面与靠背夹角在110°以上时,椎间盘压力显著减小,所以人体上身应后倾斜110°~120°,坐具的靠背倾角就应当以此为设计基准。

(2) 腰部和手臂支撑与椎间盘内压力:前面介绍的座面与靠背的夹角大小影响脊柱的姿势,所以对椎间盘内压力以及肌肉收缩都有很大影响。除此之外,腰垫和扶手也可减少椎间盘的内压力。腰垫的位置应处于第三至第五腰椎部位,腰垫厚度以5cm左右为宜。

3. 设计的人体工程学基本原则

座椅设计时应考虑的因素很多,概括起来有以下几点:

(1) 座椅因素

1) 座椅的形式及尺度和它的用途相关,即不同的用途应有不同的座椅形式和尺度。

2) 应根据人体测量数据进行设计。

3) 身体的主要重量应由臀部坐骨结节承担,休息时腰背部也应承担重量。

图 3-22 公共设施门厅的设计

图 3-23 城市公共设施的计时器设计

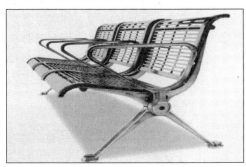
图 3-24 公共设施的人体工学座椅设计

图 3-25 公共设施的座椅设计

4) 减少大腿对椅面的压力。
5) 应设计靠背、腰部支撑和扶手。
6) 应能自由地变换身体位置。
7) 椅势要有一定厚度、硬度和透气性，确保体重能均匀地分布于坐骨结节区域。

(2) 椅分类

1) 工作用椅。应保持稳定，有适当腰部支撑，重量分布均匀。
2) 休息用椅。以减少疲劳为目的，结构要能使身体放松，减少椎间盘内压力。
3) 多用椅。以多用途为目的。

在设计椅子时要根据人体形态尺度和生理特征来设计合理的尺度，要特别注意的是人体坐下去以后的椅子尺度，因为它才是决定人体坐姿的因素。因此要选择适当的材料，进行大量的实验测试，制定椅子的设计尺度。工作用椅可分为轻型作业椅、办公椅和会议椅，还包括户外用的长椅，特点是靠背倾角较小（上身支撑角小于95°，座面倾角0°～3°，靠背较短）。休闲椅的基本尺度，其特点是座面倾角稍大约2°～5°，靠背倾角约110°，靠背能支撑上身休息。无论是哪类椅最好保证靠背倾角、座面倾角和座面高可随意调节，这才是现代椅所要求的。因为人体是在不断活动的，活动能减少局部肌肉的持续收缩，减少脊椎板内压。人体长时间处于一个姿势时，由于肌肉持续收缩，血管受压迫，供血量减少，而导致肌肉迅速疲劳。而经常变换姿势时，可使部分肌肉放松，肌肉有节律性地收缩和松弛，类似泵的作用，这样可保证供血正常。静态作业（恒定姿势）和动态作业（变换姿势）时的供血模式不同，因此工作椅的设计关键是如何适应人体作业和休息的不同姿势，使人体能随意频繁地变换身体姿势。由于动态作业，肌肉周期性收缩与松弛，可保证血流正常。静态作业，肌肉持续收缩，血流受阻，影响氧和其他能量的供给。

由于计算机的普及，VDT（Video Display Terminal）公共环境设施的人体工程学研究在欧美国家早已成为热点领域。现代公共环境设施的座椅、饮水机、自动取款机等需要满足人体工程学设计尺度，值得注意的是公共环境中的桌底面与椅座面之间必须有大于170mm的空间，这样保证下肢能自由活动。1984年人体工程设计学会（Proceeding of Ergodesign），引起了大家的极大兴趣，会中展示的休闲椅最大特点是靠背随着倾角的变化能够自动上下移动，保证任何姿势状态下腰部支撑处于最佳位置。研究发现，当靠背倾角由90°变化为105°，腰部也相应下移约45mm，这种人体工程椅可以满足要求。

（3）休息用椅的人体工程学设计尺度

休息用椅与工作用椅相比，更强调全身肌肉的松弛和脊柱形状的自然。休息用椅可分为轻度休息椅、中度休息椅和高度休息椅。轻度休息椅的设计尺度，座面高330～360mm，座面倾角5°～10°，靠背倾角约110°，靠背较高，适宜长时间使用。

中度休息椅的设计尺度，腰部位置较低，适合于短时期和会客使用，如商场中设置的休闲椅，就属于这一类休息椅。

高度休息椅的设计尺度，靠背倾角较大，一般有头靠和脚凳，可用于轻度睡觉使用，并有头部支撑位置。

（4）座椅设计的其他主要尺度

从上面的介绍可知，动态的设计尺度要保证人体正常活动，在行动过程中能随意活动，使身体不受约束。工作用椅和休息用椅因为使用目的不同，设计参数也应有差异。除了上面介绍的主要参数外，还有座面宽、扶手高等主要参数。座面宽一般以女性的最大百分位数值设计，其值约为43～45cm。扶手要高过人体重心位置2cm左右，其值约为21～22cm。靠背宽为35～48cm。还要考虑座面材料的软硬。休息椅坐骨结节部位要承受主要重量，休息椅腰部靠背也要承担部分重量。

（5）摇椅的人体工程学设计

摇椅（Rocking Chair）是一种休闲椅，它的设计与人体工程学的关系非常密切。摇椅影响舒适度的关键因素是摇腿的曲率，人体与摇椅构成一个摇摆振动系统，摇摆的频率直接影响舒适度。日本东京艺术大学美术学部建筑学科对摇椅进行了比较系统的人体工程学研究，他对4种不同曲率半径（76～140cm）一脚摇椅进行了测试研究。研究表明在使用摇椅时，主动摇动摇椅使摇摆频率接近个人舒适的频率。摇椅A由

图 3-26 城市公共设施的座椅设计

图 3-27 城市公共设施的座椅设计

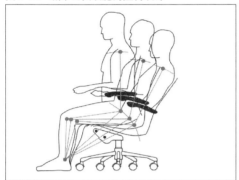
图 3-28 座椅形式分析图

图 3-29 城市公共设施的休闲椅设计

于固有摆动频率小，被试者加快摇摆频率，其他3种则减慢摇摆频率。通过测试分析得出摇椅的摇腿曲率半径与体重的关系，由于摇摆频率受摇腿曲率半径、体重和椅子重心高的影响，在设计身高和椅子重心较高时，还要考虑摇腿前后部分曲率半径的变化。靠近两端曲率半径要减小，否则摇摆时需要的力就很大。座椅面与靠背的夹角以 95°～100° 为宜。

4. 人体的构造与活动姿势

人们可能会认为把人体水平地支撑起来是件很简单的事，实际上要保证人体卧姿的舒适性是一件相当困难的事情。人体上半身分头、胸和臀几部分，站立时，以上三部分的重力方向基本上是重合的，而卧姿时，三重力方向则是平行的，分别对脊柱产生弯曲作用。如果支撑人体的垫子很软时，重的身体部分（臀部）下陷就深，轻的部分则下陷小，这样使腹部相对上浮造成身体呈W形，使脊柱的椎间盘内压力增大，结果难以入睡。如果垫子太硬，背部的接触面积减小，局部压力增大，背部肌肉收缩增强，也会使人不舒适。因此，垫子软硬必须合理。

（1）公共设施绿色设计的内涵

绿色公共设施产品是公共设施设计的最终体现，是产品绿色程度的载体。绿色公共设施应有利于保护生态环境，不产生环境污染或使污染最小化，同时有利于节约资源和能源，且这一特点贯穿于产品设施生命周期全程。

绿色公共设施设计是面向产品的全生命周期设计。传统设计的公共设施生命周期只包括从环境中提取原材料，加工成产品，给使用者使用，然而绿色设计除此以外还包括了对公共设施的维护、服务阶段和废弃淘汰产品的回收、重复利用及处置阶段。这样就从根本上将公共设施的生命周期从传统的"从原始到使用"转变为"从原始到再生"，从源头上防止环境污染、节省资源。概括起来，绿色公共设施设计是在公共设施整个生命周期内，着重考虑公共设施产品环境属性（可拆卸性、可回收性、低污染性、可维护性、可重复利用性等），并将其作为设计目标，在满足环境目标要求的同时，保证产品应有的功能、使用寿命、质量等的一种设计理念。

（2）为人类的利益设计

这里说的"人类"，既包括富裕阶层、中产阶级、也包括工薪阶层，既包括现代人，也包括我们的子孙后代。设计不能只是为了满足一部分人的利益设计，或满足一部分人的利益而损害了另一部分人的利益，更不能仅有益于今天而有害于将来的利益。正如伦理学家约纳斯指出的："人类不仅要对自己负责，对自己周围的人负责，还要对子孙后代负责；不仅要对人负责，还要对自然界负责，对其他生物负责，对地球负责。"

这里应着重分析绿色公共设施设计对人具体要求的满足。从以人为本的高度出发，这是绿色公共设施设计要做到的最重要的目标之一，也是绿色公共设施产品最重要的属性。

1）安全健康要求

安全健康属性是指人不会因为使用公共设施产品而导致心理和生理的安全健康受到伤害。不因为单纯追求利润，而采用环保性差的低质材料或使用落后工艺生产劣质公共设施，致使甲醛、挥发性有机化合物、可溶性重金属化合物、放射性元素以及重金属含量超标。同时不因为偷工减料而导致公共设施、阶梯、椅子等承重构件的断裂而引起公共设施对人体安全健康的威胁。

2）高效要求

高效属性是按人体工效学的设计原则，达到人—公共设施（机）—环境系统三要素的和谐统一。结合人体尺寸、肌肉运动能力来探求公共设施对人体支撑点的位置、尺度、角度及动态适应度，力求使用时符合人的生理机能特征，从而减少体力及时间的损耗以提高效率。这里的效率是要将使用效率和环境效率区别开来，让公共设施的功能、变化更多些、对空间、室内环境的占用更小些，如可拆装、可折叠、可移动公共设施，集阅读、电话、传真、照明等功能于一身的多功能公共设施。

此外，高效属性是建立在公共设施的区别分类标准基础之上的，一般分为儿童类、老人类、学校类、商业类、休闲类、医疗类、特殊人群类（包括残疾人、无障碍设施等）。

图3-30 公共环境设施的摇椅设计

图3-32 公共环境设施的绿色设计

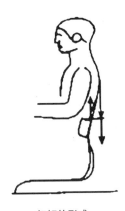
扭矩的形成

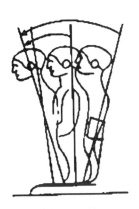
从后倾的位置起立要用较大的力

靠背的形状正确，但位置错误

图3-31 座椅与人体构造分析图

3) 舒适要求

舒适属性是以人为本，不但重视对人生理功能的满足，更重视对人心理状况和心理需求的满足、关怀与照顾。任何公共设施设计都有"舒适"的要求，例如坐具设计要讲究坐垫与靠背的舒适性，太软会使人产生疲劳，太硬则容易造成对骨骼的伤害。与此同时，从心理角度上看，能够体现民族、时代、地域特征，展示个人品质，美观整洁、结构合理、色彩柔和的公共设施产品会令人赏心悦目，倍增温馨宁静、舒适惬意之感。否则视觉污染会引起人们心情烦躁，产生精神激动、疲劳、记忆力、注意力、自控能力下降等症状。

(3) 简朴生活的理念

简朴生活是以提高生活质量为中心的适度消费生活，与之相对应的豪华则是一种浪费，一种对资源的漠视。豪华不等于舒适，一方面，部分富裕者的消费已不是为了生活和健康，而是为了炫耀身份和个人价值；另一方面，世界上还有无数人连基本生活需求都未得到满足，生态环境还在不断恶化。这种设计与消费的放纵性、失衡性，已经给人类社会带来了一系列负面效应。

在经历了工业社会的浮华与喧嚣之后，面对资源枯竭、生态恶化的现实，人类在反思中逐渐意识到朴实安详、平静惬意的生活方式是令人向往的。事实上，类似的朴素思想由来已久，14世纪的埃及就有人利用正在生长的大树制作房屋居住；最近一位英国人利用正在生长的小树制作椅子，被誉为"长出来的椅子"；在2003年的伦敦现代环境设施展上，利用阳光作动力，随阳光自动转向的"太阳休闲椅"，备受广大参观者的关注和青睐。

简朴生活以获得基本需要满足为标准，以提高生活质量和生活情趣为中心。简单生活并不意味着物欲生产的倒退，相反它是一种更高层次的生活状态，是一种经过深思熟虑之后，表现个性自我，方向明确的生活，是一种健康和谐、悠闲欢畅、可持续发展的生活方式和生活时尚。

（4）延长产品的使用周期

让公共设施的使用寿命更长些，这样对自然资源的消耗就会更少一些。在工业社会，商业竞争导致了社会资源的浪费和环境破坏，通过设计使产品不断花样翻新，迫使消费者不断购买新产品，抛弃旧产品从而大大缩短了产品的使用周期。将设计固有的商业性和环境效益统一起来，提高公共设施的设计品位和价值，用更简洁长久的造型、文化内涵、观赏价值来延长公共设施产品的使用寿命。

（5）将设计思维由商业化转向生态化

环境质量，如大气圈、水圈和土地圈这些生命维持系统所发生的严重污染，使公共设施设计观念不得不转变，必须从尽情满足人的物欲的商品化设计转向人与自然环境协调发展的生态化设计。

在对人类无限制野蛮创造的反思中逐渐形成生态化设计，这是现代人类伦理思想发展的重要体现。因此走可持续发展道路，以全人类的共同前途为出发点的生态化设计自然就成为生态文明社会的必然选择。

公共环境是人们休养生息的场所，人的一生中有60%以上的时间在这里度过，各种来自公共环境的污染及危害性直至近年来才逐渐被国人所认识。引发空气污染的根源主要来自公共设施中散发的如甲醛、苯、氨气、氡气等。公共设施由于目前全球工业化水平提高，大量使用了建材、胶合板材有利于节约资源，但因防止蛀虫侵害、干燥、抗老化等的需要，使用了大量含有甲醛等的外涂料及辅料加工，比传统的实木、包镶工艺公共设施含有甲醛成分要多。各国都相应制定了限量标准以保护人民的身体健康。

环保公共设施严格地说不但是在使用过程中对人体和环境无害，在生产过程及回收再利用方面也要达到环保的要求。环保公共设施可以从它的用材来考虑，只选择合乎环保材质的公共设施。环保公共设施的用料是倾向自然的，本身不含有害物质，不会释放有害气体，即使是不再使用，也不会成为环境的负担，易于回收和再利用。

图 3-33 利用自然材料的环境设施设计　　图 3-34 公共环境设施的简约设计

因我国目前关于环保公共设施的专门标准还不健全，所以在设计公共设施时应着重从健康角度选用环保材料。需注意是否刺激性气味较大，如味道过大则表示甲醛等对人体有害的化学物质超标，特别是在喷涂外部的装饰漆时，如果闻到刺鼻的气味，或者让人想要流泪，则表示公共设施不符合环保要求，可能是人造板甲醛超标或油漆不合格。如经济条件允许，自然典雅的实木公共设施可以作为首选，以藤、竹、柳等天然材质制作的公共设施也是不错的选择，另外，以天然树脂漆装饰的公共设施也是较好的选择。据悉，现在已有经过改进的不带色素的大漆，可以对公共设施进行透明涂饰，能显露出实木公共设施的天然纹理。

我们应该选用生产过程中符合环保要求，使用不会对环境造成破坏，符合人体居住环境设计的公共设施，防止使用者在使用过程中产生身体过敏、头晕等情况。

我国部分公共设施企业因技术、资金以及制造厂家缺乏环保意识、市场监督无法可依等众多原因，大量生产有害物质超标的公共设施并使其产品流入市场，侵害着人们的身体健康。公共设施的流行与环保并重，将成为未来世界公共设施设计业的发展方向。

二、视觉与空间要素

空间是客观存在的，是需要人的视觉对空间的存在进行感知、认知的，承认空间的存在，并且判断空间的可适应性，同时能够对空间的性质、空间形态、空间布局以及空间构成要素、材料、尺度、色彩、质感等有一个清晰的认识，在建筑小环境设计中应充分考虑环境的视觉认知性。在城市环境中，小环境一方面是按照功能要求进行布局的，另一方面则完全依据视觉需求布置。人们往往把空间简单地分成点、线、面等不同的空间形态，以加强空间的认知性，这也是观察事物的基本规律。人们在观察空间时，首先从"面"开始，再通过一定的视线引导，即"线"，最后目光停留在目标上，即"点"。在城市中的环境设施空间形态可分为点状布局、线状布局和面状布局，而在公共环境设施内部的空间形态也可分为点实体、线实体和面实体。空间中同时存在着点、线、面实体。

在城市环境中公共设施呈现点状布局、线状布局和面状布局是受到城市规划的制约。公共设施属于绿地环境中最小的空间，受到城市绿地系统的空间布局影响，城市绿地系统根据规模大小、功能关系、位置、形状在城市中呈点线面分布，环境也必然呈现这种空间形态。公共设施比绿地系统广泛、深入，是和人们生活最为接近的室外空间，它也是分布最为广泛的生活空间。

呈点状布局的公共设施是指城市外部环境中呈单一形态分布的环境，具有相对独立性功能，比较单一。在城市外部环境中呈点状布局的公共设施有街角空间、城市广场、组团绿地、宅旁绿地以及大型绿地中的各个景点。它们具有以下特点：

1. 公共设施是城市的节点空间，表达一定范围的环境意义，是一个范围的活动中心，成为人流最为集中的地方，如组团设施是服务组团内容的体现。有些是作为城市外部空间的标志，如城市广场、大型标志物，对城市外部公共环境有很大影响。

2. 公共设施由于功能比较专一，仅是区域活动中心，所以面积比较小，而且空间构成也比较统一，有主要的公共设施成为景观的中心。如交通指示灯设置，既起到了交通安全上的标志性作用，又成为视觉中心。呈点状布局的公共设施规模受本身条件制约都不大，如小区绿地、城市广场、校园环境、商业街道等。

（一）视觉要素的设计

1. 视觉与形态

形态的感知与对色彩的感知不同，后者是由于光的波长变化而感知的，而对空间形态的感知则比较复杂，不只是依靠外部感觉，还有人体内在的因素。

人是如何认识各种图形的呢？关于这一问题德国格式塔心理学派（gestalt，即形态、形状之意）作了大量的研究，并取得了许多成果。格式塔具有两个特征：

1) 一个完全独立的新整体，其特征和性质都无法从原构成中找到。例如，立方体可以由简单的直线勾画而成，可是在人的形态知觉上，观察立方体时并没有知觉它是几条直线，而是立方体的知觉。

2) "变调性"，即使大小和方向、位置变化后，作为图形（格式塔）同样存在或不变。例如，正方体不管组成边的直线长度和方向如何改变，只要平行都能感觉是正方体。

(1) 等质视野

未形成稳定图形的视觉范围称为等质视野，也叫未分化视野。也就是说视野范围内全是一片同样的颜色和明度的视野。人们常说的，眼前一片漆黑或一片灰白就是等质视野。人长时间处于等质视野环境中会出现不安感。一片漆黑的夜晚就接近等质视野，如果夜空中出现点点星光，等质视野就消失，人就会有安定感。在天空与地面之间构成的地平线就是最简单的知觉图形。

(2) 图形与背景

图形只有在背景的衬托下才能得以知觉，背景与图形的关系即图与底的关系，是

相对而言的。对于有些情况,当你注视的对象不同,图与底的关系会逆转。根据心理学中注意的特性,有以下几种建立图形的条件:

1)面积小的比面积大的容易形成图形。

2)同周围环境的亮度差,差别大的部分容易形成图形。

3)亮的部分容易形成图形。

图3-35 公共环境设施的空间分割

4)含有暖色相的部分比冷色相部分更容易形成图形。

5)向垂直或水平方向扩展的图形比向斜向扩展的部分容易形成图形。

6)具有等幅宽的部分比不等幅宽的部分更容易形成图形。

7)与下边相连的部分比从上边下垂的部分更容易形成图形。

2．视觉与空间

空间知觉是二维表面的视网膜能够知觉三维的空间,并能感知距离,这一过程是非常复杂的,影响空间知觉的主要因素有:

1)眼睛的调节:眼睛的水晶体能够改变曲率,因此可以看清楚由近至远的物体,也就是说水晶体能够变焦,调节远近。这种特性是知觉物体距离的因素之一。

2)双眼视轴的复合:注视一个物体时,左右眼分别与物体形成一个视轴,物体距离越远两视轴夹角越小(趋于平行),控制双眼复合运动的肌肉收缩信息提供了物体的距离线索。通过视轴复合来估计距离,只能对几十米以内起作用。

3)双眼视差:由于双眼相距约65mm,注视某一物体时,若是平面物体,双眼视网膜上的成相基本吻合,此时会知觉成平面;若是立体物体,双眼视网膜上的像会有差异(双眼视差),这种差异使人能知觉立体空间和距离。

4)空间知觉的物理因素:实际经验、明暗度等物理因素也是空间和距离知觉的信息。

(1)视觉界面

视觉界面是人看得到的空间范围,分为客观视觉界面和主观视觉界面。客观视觉界面是指组成物质空间的所有物体表面(如建筑环境、地面、墙面、公共设施表面等);而主观视觉界面是由客观视觉界面围合而成的虚的界面,具有形状、大小和方向。黑色的客观图形围合成了中间白色三角形(主观视觉界面),但是,当降低客观图形的明度,或改变客观图形距离之后,主观图形(主观视觉界面)就会消失。

1)空间形成

客观存在的三维空间都是由虚的和实的界面围合而成的,并且实的界面数量应大于或等于两个。在空间知觉中,顶部界面是最关键的一个面,没有顶部界面的空间是外空间，有顶部界面的是内空间。公共设施的大部分是属于既有外部又有内部的独立实体空间。

2）空间构成

① 形态空间构成：它包括母空间（总体空间）和子空间。

② 明暗空间构成：明空间与暗空间的组合关系，即明空间、灰空间和暗空间。

③ 七彩空间构成：子母空间或明暗空间的色彩组合关系。

形态空间构成、明暗空间构成和色彩空间构成三位一体、相互制约，对处在公共环境中的人产生环境刺激，导致心理和生理的各种效应。

任何一个公共设施的空间设计都应考虑"自然、人和社会"三要素，由此建立了三个基本设计体系。公共设施的空间设计可分为区域设计、城市设计、小区设计、建筑设计和室内设计，也可从行为与环境的交互作用区分为行为空间、知觉空间和虚拟空间。行为空间就是人在环境活动所需的物理空间；知觉空间就是心理空间，如在15m^{2}的空间中公共设施的体积大于8m^{2}时就会有压迫感，这就是心理上所要求的空间；环境空间就是构成公共设施空间的实体，如公交车站构成的交通环境空间。日本学者将环境空间区分为物理空间（人体活动所需空间即行为空间，如便于洗浴活动的浴室空间）、心理空间（心理上要求的空间即知觉空间，如无压迫感的公共设施的高度）、生理空间（生理上要求的空间，如保证呼吸需求的换气通风空间、保证视觉作业的采光的窗户等）。公共设施的空间设计必须充分考虑环境空间的相互关系以及人与空间环境的交互作用。

(2) 空间视觉特性

人的感觉器官，特别是视觉器官能知觉空间的大小、方向、形状、深度、质地、冷暖、移动、立体感和封闭感等。

1）空间大小：空间大小包括几何空间尺度大小和视觉空间尺度大小。几何空间尺度大小不受环境因素影响，只受几何尺寸的影响。而视觉空间大小则受环境因素影响，通过比较而产生相对的视觉空间尺度大小（如同样的几何空间，人多则显得小，反之则大，实的界面多空间显小，虚的界面多则显大）。利用人的视觉特性，通过以下方法可扩大公共环境空间：

① 以小比大：采用矮小的公共设施、设备和装饰构件可衬托出较大的空间。例如，日本的公共面积一般都比较小，可是公共设施相对比较矮小，所以衬托出的环境空间显得并不狭窄。

② 以低衬高：采用局部吊顶，造成高低对比，可达到以低衬高的效果。

③ 划大为小：环境面积小时，可用小尺寸公共设施的设计，衬托出较大的空间感觉。

④ 界面的延伸：将环境空间和公共设施的交界处设计成圆弧平滑地延伸，可扩大知觉空间。

2）空间形状：任何空间都有特定的形状，常用的空间形态有：

图 3-36 公共设施与环境空间距离　　　　　　　图 3-37 公共设施的空间构成

① 结构空间：通过公共设施具体结构的艺术处理，显示空间的特殊效果。
② 封闭空间：在设施设计中虚界面少，私密性和神秘感强。
③ 开敞空间：虚界面多，开放感强。
④ 共享空间：公共场所公共设施的设置要考虑交往空间。
⑤ 流动空间：通过电动扶梯和变化的灯光效果能给人以流动空间的感觉，各种车辆也给人流动空间感。
⑥ 迷幻空间：通过公共设施的特殊奇异造型设计和装饰产生空间的神秘感。
⑦ 子母空间：大空间中设计小空间能够丰富空间层次，例如售货亭内设计一个小吧台就能给人以空间丰富感。

(3) 空间封闭感

视觉空间的开放程度与空间表面的开口大小有关（包括公共设施的开口位置、大小和方向）。如长期在封闭性很强的室内生活或工作对身心有害，相反，如果长期在开放性很强的室外生活或工作，很少具有私密性，过多受人干扰，也会患"广场恐怖症"。因此公共设施的空间设计要根据不同的用途，确定和设计环境的虚实界面，保证合理的空间封闭度。公共设施影响环境空间适度的因素：

1）虚实界面的数量：实的界面越多封闭感越强，虚的界面越多开放感越强。侧面和开口处等属于虚界面，正面及使用面属于实界面。

2）虚的界面位置：对于长方体的公共设施空间，虚的界面设在短边方向或向墙角的空间开放度比设在长边适宜。这会使形体指向诱导。

3）自行车架的分格和透空：设计成分格比设计成不分格空间显得空间宽敞。

4）照度与色彩：照度高、冷色调的公共设施空间显得宽敞，反之则显得小。

5）设施空间相对的尺度：当公共设施的体积大于人在该环境中的最大垂直视野时，则空间显得压抑；当公共设施的体积小于人在该环境中的最大水平视野时，则空间显得宽阔，此时的环境观点应当是室外最远的一点。

公共设施的空间设计应当充分考虑上述各种影响因素。

(4) 空间秩序

将人在公共环境空间内的行为规律和行为特征用图表形式表达出来，这就是居住行为空间秩序模式。这种模式对于设施在公共空间的总体布局起着非常重要的私密作用(如亭廊、休息厅、卫生间)，布局在环境的尽端位置，或者在开敞空间则应当布局在公共环境中人流通的位置。公共设施的空间秩序要符合人的行为特征和心理需求。

(5) 空间尺度

公共设施的空间尺度包括人体活动空间尺度、设备空间尺度和人体知觉空间(心理空间)尺度三个部分。

1) 人体活动空间尺度：公共环境中活动空间有车站、机场休息大厅、公共卫生间、公共休闲场所等空间。这些空间必须满足人正常舒适的活动，空间尺度要考虑人体动态活动范围。

公共卫生间活动空间尺度是卫生间活动空间尺度设计的参考值。日本学者研究表明，对于蹲式便池卫生间，当左右空间尺寸(W)大于前后空间尺寸(L)时，有不安感。因此，$W/L \leqslant 1.1$，一般L在95~120cm比较合适。

公共设备空间尺度是常用设备的三维尺寸范围，可供公共设施空间设计参考。

2) 心理空间(知觉空间)尺度：公共环境空间尺度除了必须按照人公共活动的动态范围(物理空间)设计外，对于有些空间还必须考虑人在环境的心理感觉(心理空间)。

(二) 造型的形式美

造型，是一件物品整个外观塑造的常用术语。公共设施产品造型的目的，一是使该产品更加方便人们的使用；二是更加符合使用者的美学感觉，满足人们的心理需求。一件公共设施的造型是由变化多个造型要素相互之间的关系而形成的。因此，产品设计师必须依据一定的造型法则工作，通过公共设施产品的形式信号将产品的信息转达给使用者。造型要素包含很多，主要有：

(1) 形状

一件公共设施的造型最主要的要素就是形状。形状是指一件产品三度空间的造型变化，主要是表现在公共设施外观上的起伏变化。形状受产品的主要构造等方面限制，设计人员应该巧妙地利用这些限制，优化造型。优良的形状设计能使产品有效地使用，并给人以强烈的视觉印象。

(2) 材料

材料是构成形状的分子，对造型形象有着重要的影响作用。公共设施产品材料的选择，很大因素是从经济效益考虑，设计师常常是在材料的"限制"下去做设计的。材料有各自的视觉性格，为了使材料更符合使用与视觉要求，设计时必须对材料的表面作适当的设计。

图3-38 公共设施的空间透视

图3-39 公共设施的空间结构设计

图3-40 公共设施的空间虚实设计

图3-41 公共设施的材料表面处理

（3）表面

运用不同材料的表面，妥善加以组合配置或对材料表面进行再处理，可分别给予使用者以各种不同的视觉感受。对公共设施的设计可利用材料的表面变化或表面构成，达到所要求的完美效果。无缺点的表面可以改善一件产品的使用性，使公共设施更加容易保养，美学信息传达得也更好。

（4）色彩

色彩是构成形态的必要元素，有色彩的形状远比无色彩的形状更容易吸引人的注意力。色彩学是介入科学与艺术的综合学问，其科学上的根据包含物理、化学、生理学及心理学，而艺术方面，则在于色彩的应用表现上。色彩是一种富于象征性的形式媒介。色彩用于造型犹如衣服用于人类，对造型的风格有着决定性的影响。在我们的设计中，恰当运用色彩的表情，能使我们设计的形态具有轻重、进退、胀缩等多种感觉。这里要强调"色彩调整"（Color Conditioning）的原则，这一原则强调：要注意环境与用具的色彩和谐。公共设施产品在色彩运用上有两个基本特征：一是使用强烈的颜色，具有强烈颜色的产品易脱颖而出，以能够吸引购买力，并在单调的环境中能产生重点，同时也具有危险警告作用；二是使用中性颜色，因为中性颜色很容易融入环境中。人们在生活中使用着各种各样的产品，这些产品又有着不同的颜色，因此，它们的色彩宜中庸而不宜强烈。这样，可以避免各种颜色的冲撞，创造一个协调的生活环境。

1. 形式美法则

(1) 统一与变化

一件公共设施产品的造型构成，是由造型要素的比例分配及单元对整体的关系而确立的。设计师根据产品的功能要求，根据对这一环境设施的销售对象心理的把握，根据自己的美学知识，对公共设施进行整体的与细部的构成。这种设计的过程，在形式感上可因循一些美学法则来进行。公共设施造型设计是不能以设计师个人美学好恶来决定的，它需要以满足大多数销售对象为前提。而基本的美学法则是大多数人都能接受的，设计师根据这些基本美学法则作延伸或扩张，从而取得较满意的美学效果。

形式美的特点和规律，概括起来主要表现为：在变化和统一中求得对比和协调，在对称的均衡中求统一与变化。

任何一个好的环境设施设计，都力求把形式上的变化和统一完美地结合起来，即统一中求变化，变化中求统一，或者说是引进冲突或变化，通过对比、强调、韵律等形式法则来表现造型中美感因素的多样性变化。变化中求统一，主要是利用美感因素中的统一性来处理，通过协调、次序、节奏等形式法则的运用，来求得理想的效果。

重复是一种统一的形式，将相同的或相似的形、色构成单元，作规律性的重复排列。个别单元体虽然是单纯简洁的形，但是经过反复的安排则形成一个井然有序的组合，表现出整体的美，使人产生统一、鲜明、清新的感觉。如果能感应音乐的单程节奏，在设计上引申这种音乐的节奏就很容易。又因为现代公共设施产品的众多构件多以统一化、标准化、模数化形式作为最基本的表象形态，所以在公共设施产品中常有体现。当然，人们并不满足这种简单重复的美感，更希望看到有变化的重复。在重复特性之中，可分为形状重复、位置重复、方向重复三种重复造型。创造有变化的重复，有想像力有独创性的重复才是设计中求得统一的最有意义的劳动，这就是我们通常讲的韵律美感。

韵律是运动、运势的一种特殊形态，视觉心理上所引起的感动力。韵律是表现速度、造成力量的有效方法，它随着逐渐或反复的安排，连续的动态转移而造成视觉上的移动。韵律最简单的表现方法，是把一个视觉单位作规律的连续表现。此种规律性是借助形或色，经反复、重叠或渐进的适当排列，且在比例上稍加变化，使其在公共设施的视觉造型上成为既有变化又赋予韵律效果的感觉，使人兴起轻快、激动的生命感。

(2) 对称平衡与非对称平衡

平衡是对立的均势，它是自然界物体遵循力学原则的存在形式。所谓对称平衡，是通过轴线或依支点、相对端，以同形、同量形式出现的一种平衡状态。人、动物、昆

图 3-42 公共设施的色彩构成

图 3-43 公共设施的统一与变化

虫、轮船、飞机、汽车、大多数公共设施都是以对称平衡形式出现的。用对称平衡格局创造出的物体,具有庄严、严格、端庄、安详的效果。设计中常用的对称形式有左右对称和辐射对称两种构图形式。

所谓非对称平衡,是相对呈同量不同形或不同量不同形的一种平衡状态,它是用一个或多个不相似或对比的元素来取得平衡(除体量外,还有色彩、质感、方向、空间形的元素)。非对称平衡比对称平衡显得更活泼、更有趣,它是现代公共设施设计中常用的一种构图形式。如果要使构图能显现出活力与变化,便可运用非对称性的配置原理来达到吸引人的效果。

(3) 分割与比例

公共设施的立体造型各部分的尺寸和人在使用上的关系要恰如其分,既要合乎使用上的要求,又要满足人们视觉上的要求,这就涉及到立体造型设计的比例问题。比例是指在同一事物形态中各部分之间的关系具有数理的法则。比例的构成条件在组织上含有浓厚的数理意念,但在感觉上却表现出恰到好处的完美分割。比例是和分割直接联系着的。数学上的等差级数、等比级数、调和级数、黄金比例等都是构成优美比例形式的主要基础。

黄金比例早在古埃及前就存在了,直到19世纪,黄金比例都被认为在造型艺术上具有美学价值。20世纪以来,尽管不断有人对黄金比例提出疑问,但在具体设计中,我们还是常常使用这一规律。根据这个定理,在一个公共设施的矩形中,如果两个直角边的比是 1:1.618,那么这个矩形亦称作黄金矩形。

把公共设施产品外形纳入这一矩形,并适应其内部形态,从平面观点看是可取的,因为这个矩形可进行多种多样的艺术分割。在表面材料质感处理上,人们也常常用黄金比,即:

$$\frac{光滑面积}{粗糙面积} = \frac{粗糙面积}{光滑+粗糙面积} = \frac{1}{1.618}$$

当然,任何规律都不是僵死的,即便被称为"黄金比例"也可以有一定的宽容度,在1∶1.618的基础上伸展或收缩，去追求设计师自己的感觉。

(4) 强调与调和

所谓强调是指为了吸引观众特别注意构图的某一部位图像所利用的一些加强印象的技法。造型的第一起步就是要透过美的形式，满足人的视觉享受，而强调式的造型呈现，就是其中的方法之一。强调是现代设计中常用的一种构图形式。如果要使公共设施的构图能显现活力与变化，便可运用非对称性的配置原理来达到吸引人的效果。视线的焦点是引起注意的地方，也是引起观众特别注意的条件。强调常用的方法有：对比强调、明暗强调、夸张强调、孤立强调等。

所谓调和是把同性质或类似的事物配合在一起，彼此之间虽有差异，但差异不大仍能融合，这种和谐感亦为美的形式之一。调和的产生主要是为解决公共设施造型中所产生的对比关系，使之更为和谐。自然界存在着最佳色彩调和因素，因此我们在学习理论的同时还要注意观察大自然，这对提高个人品位、提高设计水平大有好处。

(5) 错视觉的应用

在公共设施的整体或局部造型设计中，我们常用具有肯定外形的几何形，因为它们容易引人注目。所谓肯定的外形，就是形体的周边比率和位置不能加以任何改变，只能按比例放大或缩小，比如：正方形、圆形和正三角形，它们都具有肯定的外形。

肯定的外形是美的，但人们往往不满足于此。这时，我们可以利用视觉错误的原理使形体在视觉上发生变化。所谓视觉错误，就是人们看东西所产生的错觉。这可能是由于外界的干扰造成的，也可能是公共设施造型本身或眼睛的构造引起的。

横向分割与竖向分割是设计师们常用的两种造成错觉的手段。为了体现薄、精密、秀气、高档，我们在进行公共设施的设计时运用横向平行线处理，这样可以在视觉上改变厚度形象，从而达到我们希望的形象效果。在进行交通工具设计时，横向线形的使用一方面可改变高度形象，另一方面可增强运动感。使用横向分割要尽量减弱或压缩竖向直线条对它的干扰。当需要追求高耸、挺拔等视觉感受时，可以进行纵向线来分割物体，以造成视觉错误，达到改变形象的目的。在使用纵向线时，要尽量减弱或压缩横向直线对它的干扰。

同样大小的表面因外框设计的不同，就会有大小之分的错觉；设计师也要掌握使用者心理，利用线形、色彩的错视觉来扩充加强外形的变化。

利用视觉错误的目的，是诱导人们按设计者的意向去观察物体，以达到满意的视觉效果。

2. 形态的概念

形态，一般指事物在一定条件下的表现形式。在设计用语中，形态与造型经常混用，因为造型也属于表现形式，但两者却是不同的概念。造型是外在的表现形式，反映在产品上就是外观的表现形式。形态是外在的表现同时也是内在结构的表现形式。

图 3-44 公共设施的空间对比形式　　　　　　　　图 3-45 公共设施的视觉虚实变化

通常将形态分为两大类，即概念形态与现实形态。在设计基础教学中，通常将空间所规定的形态归结为概念形态。它由两个要素构成：一是质的方面，有点、线、面、体之分；二是量的方面，有大、小之别。概念形态是不能直接感知的抽象形态，无法直接成为造型的素材。而如果将它表现为可以感知的形态时，即以图形的形式出现时，就被称为纯粹形态。纯粹形态是概念形态的直观化，是公共设施造型设计的基本要素。

自然形态可以分为有机形态和无机形态。所谓有机（Organic）就是有机体的意思。有生命的有机体，在大自然中由于自身的平衡力及各种自然法则，必然产生平滑曲线等体现出生命形态的特征。无机形态则相反，往往是体现在几何形态上，给人以理性的感觉。

人为形态是由人通过各种技术手段创造的形态，当然包括设计的形态。有的与设计相关人为形态和自然形态一样，包括以下方面：a. 象征符号的形态——邮政箱上的造型表示邮政公共设施。b. 模仿功能的形态——各类垃圾箱、仿生的电话机等；c. 装饰形态——各种自然物，只是原形态的流传，而与原形产品功能无关。

从以上的分类中还可以派生出另外一个形态的概念——抽象形态。所谓抽象，原指抽取并掌握事物及其表象的最基础、最本质的组成部分或性质的一种理性活动。抽象形态有两种类型：一是现实形态抽象后的再现形态，这类形态往往是单纯的几何形态；二是概念形态的直观化，即纯粹形态。不论是哪一种形态都是最基础的、最本质的形态，也是人为形态赖以生成的中介，是公共设施设计中不可缺少的形态语言。

在对形态概念进行阐述时，必然要注意到形态学的概念。形态学(Morphology)本是生物学的一个分支，是探索生物体形态的生成和发展过程以及有关机理的学问，同时，还是进行形态分析与分类的学问。从设计角度看，形态与形态学也是两个有差别的概念。形态即表面形式，反映具体的事实。形态学，从一般意义上说是在对形态进行分类的基础上，研究各种形态的共同规律，进而揭示它们的特殊性和彼此联系，并对此作出理论概念和分析。这个以自然形态为其研究对象的形态学的观点及其成果，对人工形态的观察与分析有很多启发。所以，在设计领域会引起高度的重视与兴趣，并尝试着对人工形态进行形态学分析。也就是以人工创造的形态，如以建筑、公共设施与城市设施等的各种外在特性(如形状、大小、色彩与材料等)为对象，寻求他们所蕴涵的各种内在特性(如设计意图、价值、相互关系与人的爱好等)，进行着对人工形态的可视性方面与非可视性方面的对应研究，并弄清有关对人工形态创意的机理，等等。

3. 形态的意义

如果说产品是功能的载体，形态则是产品与功能的中介。没有形态的作用，产品的功能就无法实现，不仅如此，形态还具有表意的作用。通过形态可以传达各种信息，如，产品的属性(是什么)，产品的功能(能做什么或怎么做)等。现在，已经有各种理论研究形态对于产品的意义，其中较为典型的理论方法就是产品语意学。

——产品语意学

语意(Semantic)的原意是语言的意义，而语意学则是研究语言的意义。将研究语言意义的方法用于公共设施设计时，便有了公共设施设计语意学的概念。所谓产品语意学就是研究人造物体形态在使用环境中的象征特性，即在产品形态设计时运用隐喻、暗示及相似性的手法来表达产品的意义。公共设施语意学这一术语实际包含着符号学的运用。所谓符号学，是专门用于研究符号的意义，其中包含着指示符号、图像符号以及象征符号。产品语意学就是通过符号造型、抽象图形和一些与表达产品意义相关的元素的排列、综合等构成方式来解释产品的意义。使用者通过了解公共设施的意义，从而正确、有效地使用产品。

——传达意义的形态

形态之所以能传达意义，是因为形态本身是一个符号系统，具有意指、表现与传达等语言功能的综合系统。而这些类语言功能的产生，是出于人的感知力。以下便是以感知的观点来说明形态是如何传达意义的。

首先认为人之所以能感知事物，是因为人具有学习能力，人的眼睛之所以能辨别方位，是由于人们有触摸物体的经验。人类对空间或形态上的感知本身就是学习的结果，甚至可以认为感知是基于过去曾经有过的经验，这是因为人的视网膜邻近区域之间交互作用的结果，而经验论者则认为这是视错觉造成的结果。再如，对色彩不变性的解释认为，我们之所以能够准确判断同一色彩在不同照度下其实际色彩并没有发生变化，是因为我们的瞳孔会自动调节放大或缩小来控制光通量，而经验主义者则认为

图3-46 公共设施的抽象形态设计　　　　图3-47 公共设施的形态语言

这只是经验学习的结果。

另外,提出以功能的角度看感知理论,认为环境中存在许多物质,这些物质会有许多特性,如材质、色彩等,它们虽不会移动,但能造成认识上的改变。这一观点却被人们广为使用。感知的最后阶段并不是将看到的东西拿来与记忆在人脑内的东西相比较,而是引导人类对环境的探究,即感知是一种"指引行为"。例如:当你步行劳累时,所看到的任何一个平坦的石头都具有椅子的功能;倘若你需要写字时,它又可以成为桌子。这便是指引行为——感知的作用。

无论说法正确与否,人的感知能力是客观存在的,人总是会对某些形态作出相应的反应。如对于各种不同形状的按钮或旋钮,人能相应地作出反应,即便是3岁的孩子,也可本能地根据旋钮的形状作出按、拨、旋等正确的动作,否则就是旋钮的形态设计不合理,导致判断上的差错。

4. 诠释设计的形态

作为功能的载体,公共设施是通过形态来实现的,而对功能的诠释也是由"形"来完成的。我们研究形态的意义,决不是要停留在"物"的层面上,仅仅用"形"的语言传达一些信息,这种传达是单向的。通常所说的造型设计就很容易地被理解成这样的概念。如果我们把视点置于"事"的层面上来处理形态,那么形态就具有交互的意义。即公共设施通过形态传递信息,而使用者即受信者作出反应,在形态信息的引导下,正确使用公共设施。使用者能否按照信息编制者(设计者)的意图作出反映,往往取决于设计者对形态语言的运用和把握。设计者所运用的形态语言不仅仅要传达"这是什么、能做什么、怎么做"等反映产品属性的信息,而且还要让形态利用人特有的感知力,通过类比、隐喻、象征等手法描述公共设施及与其相关的事物。

——形态与识别／这是什么

通过公共设施产品自身的解说力,使人可以很明确地判断出公共设施的属性,如尽管电话机亭、自动取款机、自动售货机等在形态上有很多相似点,但仍然很容易将其区分。

——形态与操作／遵从设计意图使用产品

  a. 将构成产品各部分的形态加以区分：让人轻易就能明白哪些部分属于看的（视觉部分），哪些部分属于可动的（触摸部分），哪些部分是危险的，不可随意碰的，哪些部分是不可拆解的。可通过合理的形态设计让使用者能够辨别，或者让使用者根本无法触及。

  b. 构成产品的部件、机构、操控等部分的形态要符合使用习惯。

  c. 形态要明确显示产品构造和装配关系。

  ——形态与使用／给使用者留有余地

  利用新奇的形态激发使用者的好奇心和想像力，唤起良性的游戏心理，使公共设施形态具有多种组合性、变换性，从而使产品更具有适应性。为了给使用者留有发挥的余地，在避免错误操作的前提下，尽可能不用使用说明。

  ——形态与环境／与所处环境相适应

  公共设施往往是处于一个具体的环境之中，或是在一个环境空间里，也许是在一个自然环境中，有时也可能与其他各种设施同在一处，这些都必然与公共设施形态之间的关系存在着相互影响的问题。这些问题也包括尺度、材质等因素。

  ——形态与记忆／形态的亲和力

  如何使公共设施具有魅力，形态的作用是关键，不一定崭新的形态语言才会产生魅力。如果能让人从公共设施形态中读出记忆中所熟悉而喜爱的信息，同样能使人在对往事的回顾中产生亲切感。形态应具有驾驭人心理需求的作用。

  ——形态的表现

  在产品世界里，公共设施形态的意义要远大于以上探讨过的范围。设施的形态不仅仅是以上所涉及到的"物"的层面和"事"的层面的意义，而且还包括精神、文化层面的意义。在公共设施设计发展过程中，"形态"始终是中心话题。不断变化的时代背景也会给形态带来很大影响，人们以不同的目的，从各种不同的角度去思考公共设施形态的表现问题。

  5. 功能主义设计及形态的表现

  20世纪是公共设施设计的开创期。在美国，为了使处于经济危机下的产品打开局面，大量使用了流线形的外观形态，这在当时成了速度、效率等新时代的象征。在德国，围绕着设计的观念引发了一场设计革命，人们不仅对产量而且对质量有着同样的需求，两者的矛盾使当时代表统一化、规格化的生产方式受到了新观念的挑战。英国也在德国的影响下，开始了规格化、合理化等现代主义设计的实践。当时的这种现代主义设计，如今也称之为合理主义或功能主义，其实质就是"好的功能，就是好的形态"。现代主义强调形式服从于功能，强调以科学的、客观的分析为基础，避免设计的个性意识，借此提高产品的效率及经济性；反对无理性根据的形式，反对传统样式及装饰，提倡创新。由此，形成了现代主义特有的设计语汇，即净化了的几何形态。这虽然符合公共设施化生产的要求，但产品的功能多种多样、千差万别，简洁、单纯的几何形态，也只能是造型和精神上抽象功能在材料、结构上的体现，而不能完全是公共设施自身目的性的呈现。现代主义是处于历史发展的早期，难免会产生新的矛盾，导致在生产条件下的简约化或标准化要求与市场多元化、多层次要求相对立，甚至会重蹈历史上折衷主义或样式论的覆辙。

所谓功能主义的设计，就是运用构成的手法控制形态语言，这种抽象程度极高

图3—48　多功能的公共设施设计

的形态语言所表现的产品形态，往往使人们难以用感性去理解所表现的既定概念，反而会以自由而丰富的想像力去理解形态表现的本意，从而也就失去了形态表现的有效性。功能主义设计所追求的合理化、规格化的结果，导致形态语言具有世界性而缺乏个性化，自然也就不可能适应环境的需求。所谓完美的设计，反而让使用者选择的余地和范围变得狭窄。

随着市场的全球化，公共设施形态表现日趋多变，对于那些能直接影响人们生活方式、激发人们行为的形态语言的需要不断增加。从人们跟风时尚，进而追求"新品"的现象中不难看出，丰富形态表现的迫切性。现在公共设施形态设计所要追求的往往是符合时代潮流、形式多样而面向差异化的表现。如，赋于形、色以游戏性要素，或将异质因素进行组合，造成失调的感觉而形成趣味多样的表现方法。总之，是从知觉语言、视觉语言、造型语言转向与人类生活和行为相关的语言表现，另一方面，新材料及信息技术的应用和发展，迫使设计者改变自身态度。

从尼龙开始，随着丙烯、聚酯、聚乙烯、聚苯乙烯、聚丙烯等新塑料与公共设施化生产，经过20世纪50年代以来飞速的进步,给这以后的形态设计提供了难得的契机。

塑料材料通过造型语言的表现，什么样的形态变化都能实现，体现了与木质、金属等自然材料完全不同的异质特性。形的起源通常是以不带有任何联想性质的自然素材模仿被造物，随着制造各种形状的加工技术的开发逐步产生了新材质的表现。塑料质感和造型性能对21世纪形态表现产生了很大的影响，对所谓无起源形态语言的新设施产品的制造起了很大的作用，也对于电子信息设施组合而形成新的公共设施形象具有关键的作用。

当今电子学技术的发展，使公共设施设计语言表现的空间发生了变化。形态的表现可以脱离内部约束进行自由发挥，复杂的机械学原理逐步被取代，从束缚的空间中解放出来。电子技术界定了现代设计所无法提示的那部分空间语法和形态规范，使现代设计绝对化的语法和规范相对化。

从近年来的公共设施可以看到形态表现上的变化。具体体现出的特征是：一方面，同一产品领域形的变化激剧增加；另一方面，形态本身也在发生很大的变化。无论哪方面，形态的种类在增加，从未想像过的各种形态也层出不穷，尤其是公共设施产品

及服务、休闲用品相关的产品种类越来越多。究其原因就是技术的进步、经济的发展，使公共设施越来越成熟，一旦进入成熟阶段，竞争的焦点自然就落在形态的变化上。

物质丰富的阶段消费时代个性化需求凸显，规格化、统一化的产品模式注定不能与时代相适应，多品种、少批量的柔性生产方式由此产生。因此，也形成了形态表现的新空间，但同时使形态表现也面临挑战，而对应挑战的手段就是放弃功能主义所惯有的几何构成的手法，尽可能抑制抽象与客观。几何的理性表现被代之以具象的、比喻的、隐喻的、主观的表现方法，因此，各式各样的形态表现方式都浮出水面，如以自然物或动物作比喻的形态；以尖端技术的隐喻表现高技术、高档化的形态；甚至以20世纪流行过的样式特征表现怀旧的形态。此外，表现方法也不再单一，出现了新古典主义、新功能主义、自然主义、折衷主义等思潮影响下的各种表现手法。联想自然，引用过去、象征意义等一时间成为一种倾向。

总之，从功能性的表现转向语意性的表现，从客观到主观，从技术到理论，从理性到感性，从世界性到地域性的形态表现倾向已成为不可回避的潮流。

新功能主义——形态均属于立体几何形式，表现为机械的、无意识的感觉，被看作是新古典主义的风格，那种洗练的形态表现也被看作是功能主义的复活。因此，就有了新古典主义和新功能主义之说，所设计的产品或暴露机件，或以几何体构形，而且惯用几何圆形和弧形，这已成为现在特有的公共设施形态特征。

（三）光与色彩的空间探索

1. 光的基本知识

光是一种电磁波，可视光的电磁波波长约为400～750nm，波长越短，光波的能量越大。自然界中电磁波的能量大小关系为：

宇宙线（能量越大）→ Y线 → X线 → 紫外线 → 可视光线 → 红外线 → 雷达波，正常人的色觉是由于不同波长光波的刺激而引起的。

光环境的设施设计

城市环境及公共设施艺术设计中的光环境概念，不是指物理学意义上的光现象，而是指环境美学意义上的光现象，探讨论述的重点围绕分析光对建筑环境的形态塑造、光环境的设计要求及光环境设计的主要方式。

① 光的艺术魅力

公共设施艺术设计中的光可分为自然光和人工光两大类。自然光主要指太阳光源直接照射或经过反射、折射、漫射而得到的。古代是以日光来照明的，火光可谓是最原始的人工光了，随着时代的发展，人工光源的种类越来越多和越来越先进了。人工光源可产生极为丰富的层次与变化，设计的可能性相对较多，可以塑造出光以外的媒介几乎很难达到的效果和吸引力。

在公共环境中，妥善、合理运用灯光在夜间会形成奇特的效果，创造出完全不同于白天的城市景观。灯光环境成为现代城市的主要特点之一。光本身具有透射、反射、折射、散射等性质，同时又具有质感和方向性，在特定的空间内会产生多种多样的表现力，如强弱、明暗、柔和、对比、层次、韵律，也会赋予人们不同的心理感受，如凝重、苍白、舒朗等。城市公共空间灯光照明效果的创造，就是利用光的艺术表现力强化城市夜晚迷人的景致。

② 光的作用

光能表现环境构成物的特征，包括整体形状、造型结构特点、表面肌理等。如果没有适当的光，一些实体部件的立体感显示不充分，相互关系交待不清，易使设计中许多富有美感的特征起不到应有的作用。例如有些优美的结构线脚或凹凸起伏的墙体造型，若不是精心推敲光的照射与衬托，是不可能达到如此完美境地的。

图3-49 公共设施的光环境设计

构筑物的部分节点细部、单列的设施，尤其是公共设施之类，若是作为重点位置安排布局，则更应当用适当的照明来表现它的个性与特点。

在城市环境中，光的表现力和物体表面的质感有密切的关系：质感粗糙的物体，吸光能力强，表面没有光泽；表面质感细腻的物体，反射能力强，在表面会形成光泽，会给人光线强烈的感觉。用视觉渠道感受到的触觉特性称作"视觉质感"，在视觉可辨范围内的任何明暗变化都能产生出一种视觉质感：强光、层次、反射光和阴影等，这一切都是组成视觉质感的重要因素。

除了对形体和质感的表现之外，光还具有装饰功效。这一方面是指光影本身的造型效果，它往往是与实体形共同作用的。如本来平淡普通的结构排列在一起，在阳光的照射下，除了结构本身的立体感明显了，也为墙面或地面铺洒下一条条阴影，这种明暗变化形成了视觉上的虚实对比，强调了建筑的节奏感和空间的深度，给人单纯、简明的意象。若为人工光，也可将光源隐匿起来而突出光本身的特点。因为不同种类、不同照度、不同位置的光具有不同的表情，利用光和影本身的效果，完全可以创造出不同情调的气氛，光和影也可构成优美动人的构图。

光的表现力与环境公共设施的特点、空间的布局、色彩和光源的布置方式、方向等都有一定关系，其最终效果和光环境也有所区别。

2. 光环境设计的要求

光环境设计要求主要包括设计对象的要求、各种因素对光环境的影响以及基本设计标准等三方面内容。

（1）设计对象的要求

光环境设计首要满足设计对象的要求，包括特定的空间性质、空间形态以及空间使用者的年龄、构成、特定的要求、照明装置的用途等。

(2) 其他因素对光环境的影响

① 空间环境因素：空间环境因素包括空间的位置、空间各构成要素的形状、形态、质感、色彩、位置关系等。

② 物理因素：物理因素主要有光的波长和颜色、受照空间的大小和形状、空间表面的反射系数、平均照度等。

③ 生理因素：生理因素主要指视觉工作、视觉功效、视觉疲劳、眩光等内容。

④ 心理因素：心理因素包括照明的方向性、明暗变化、静态与动态、视觉满意程度、视觉感受、照明构图效果以及色彩感等内容。

⑤ 社会及经济因素：社会及经济因素主要涉及照明的费用消耗支出、安全性、维护维修以及由光环境引发导致"光污染"的可能性等。

(3) 基本设计标准

根据国家照明的相关技术参数和指标，主要考评可见度、照度、亮度、光的方向性、眩光、光源的色彩及显色性等方面。

3. 光环境的照明方式

公共环境中光的照明方式由泛光照明、灯具照明和透射照明三大类所组成。

泛光照明

泛光照明是指使用技光器映照环境的空间界面，使其亮度大于周围环境亮度的照明方式。泛光照明形式塑造空间时形态、界面和材质效果等具有很强的表现力，使空间或形态富有立体层次感，较易构筑、创造出美丽动人的光环境。

泛光照明的光源一般使用白炽灯、荧光灯和色灯。灯具一般采用投光器，在其表层要求安置灯罩或格栅以避免眩光，通常投光器较适宜布置在隐匿处。泛光照明设计应注意以下六方面事项：

① 不同角度进行泛光照明设计，要充分掌握空间的形态特点，从不同角度映射较易创造出诱人、美妙或壮阔、深邃的光环境艺术境界。

② 主次分明环境设施和空间形态的光源布置应当主次分明、层次穿插、虚实相生、境界错综。光源布置应具有明显的明暗变化以及适宜的色彩区别。因为人的视线容易被较亮的物体所吸引，所以设计中常将视觉重点用较强的光来照射，使其更加突出和醒目。如公共设施的开口处、标志、重点装饰、重点部位等要用较强的光来照射，并利用反差将不易被人注意的部位放在暗处，从而在观感上忽略这些部位，达到去芜存着、强调主题的作用。同时利用亮部比较容易引人注目的特性制造一种导向作用，如此不仅吸引人的视线，还可引导人的行为。在序列空间中如果加上光的效果，则显现的结果更为迷人和显著。

③ 光环境要远近适宜，使观赏者能够在远处看清空间的体量，在近处看清空间的细部，远近适宜能使空间和形态具有一定的深度感和层次感，具备适宜的远近变化的视感效果。

④ 组合映射光环境照明方式中运用多种灯具组合映射是公共设施中较为常见的形

图3-50 公共设施的照明组合方式　　图3-51 公共设施的照明环境气氛

式。美术馆的展厅经常在漫射的天光或顶光中再加上局部的、适合于作品的照明，以求更好地表现艺术作品的特质。

⑤ 效果差异光环境照明方式中应该考虑空间构成要素的不同质感、不同位置造成的不同光影效果。例如，众多平常的材料在精心设计的照明烘托下，显得令人惊奇的出色。光滑表面的材料可产生较强烈的反光，例如，玻璃、镜面、抛光金属等，但它们在无直接照明的环境中常会显得暗淡无光。粗糙表面的材料会产生出许多细微的阴影，这些阴影显现出凹凸起伏的特征，使用侧光方能使这种特征质感突出，正面光往往效果并不理想。美国建筑大师劳埃特·赖特在他的草原式住宅中常喜欢用粗糙的材料，如天然石块、未经表面处理的木头、砖块、皮毛等。为了显现肌理效果，在室内的上侧方设高窗，在屋角处置长形矮窗，以此来获取辅助光，使各种形态及材料的美表达得更充分。有些巧妙高超的光环境在一定程度上能改变某些材料的视觉质感，并使之产生在冷暖、轻重、软硬及感觉上的微妙变化。

⑥ 光影变化，美国著名建筑师波特曼认为："在一个空间周围的光线能改变整个环境的性格。"光的强弱虚实会使空间的尺度感改变，比例与形状的感觉也会有所不同，还会改变空间的心理中心。

光对环境气氛的塑造和烘托是至关重要的，犹如绘画和摄影画面的倾向和调子是非常重要的。例如，高贵典雅的气氛不能仅靠"亮"来表达凸显，在暗的背景中局部明亮的强光照在精致的外形上，以"低长调"来表现这种感觉和变化。诸如此类的潜力和手法是无限的。光环境可以是刺激醒目的，也可以是温柔和睦的，可以是安逸幽雅的，也可以是活跃纷繁的，或者是温柔、忧郁、冷峻、热烈……甚至可以给人带来某种特殊的意境。

4. 色彩的空间探索

色彩的表示方法

色彩的表示方法有文字表示法（如桃红、草绿等）、数字符号表示法（如CIE表色体系，孟赛尔表色体系等），在建筑环境和公共设施设计中，国际上常用的是孟赛尔表色体系（Munsell color system）。孟赛尔表色体系以空间3个坐标方向来表示色彩的3个属性即色相（Hue）、彩度（Chroma）、明度（Value）。

① 色相：孟赛尔表色体系将色相分为100种，其中10种基本色如下：红（R）、黄（Y）、绿（G）、蓝（B）、紫（P）、橙（RY）、黄绿（GY）、蓝绿（GB）、蓝紫（PB）、紫红（RP）。然后，每两种基本色之间又分为10个等级，构成孟赛尔表色体系色相环。

② 明度：孟赛尔表色体系规定了0～10共11个明度等级，将垂直轴的底部定为理想的黑色0，顶部为理想的白色10，中间为灰色1～9，此轴为无色彩轴（N轴）。

③ 彩度：孟赛尔表色体系的彩度以距离无彩色轴的远近程度来衡量，无彩色轴上的彩度为0级，离轴越远彩度越大。不同色相在不同明度处的最大彩度也不同，所有彩度中最大值为14级。

④ 孟赛尔表色体系的表色方法

孟赛尔表色体系的色彩表达式如下：

彩色表达式：色相明度／彩度　　无色彩的表达式：N—明度

例如：5R4/13（色相5R，明度4级，彩度13级，此色用于消防的红色标志）。

2.5RP4.5/12（色相2.5RP，明度4.5级，彩度12级，此色用于放射线标志的紫红色）。

N—9.5（无色彩，明度9.5级，用于通道标记的白色）。

N—4（无色彩，明度为4级）。

5. 色彩与知觉心理效应

色彩对人的刺激会引起人的知觉心理效应，这种效应具有普遍性，但是随时间、地点和其他条件的变化而有所不同。色彩的心理效应主要有以下6种：

(1) 温度感：人们处于不同的色彩环境中时，会有不同的温度感，红、黄、橙色给人温暖感，它们属于暖色系；蓝色和蓝绿色给人寒冷感，它们属于冷色系。但是它们又具有相对性，如紫与橙并列时，紫就有冷色感的心理效应，而紫与蓝并列时，紫就趋向于暖色感。明度高时，紫色和绿色趋于冷色系，而彩度和明度高时，黄绿和紫红近于暖色。公共设施设计时，可利用色彩的这种温度感来调节公共环境气氛。

(2) 距离感：即使实际距离一样，不同的色彩给人的感觉距离也不同。色相和明度对距离感的影响最大，一般高明度的暖色系色彩感觉突出（近感），称为突出色或近感色；低明度冷色系色彩感觉后退（远感），称为后退色或远感色。在设计公共设施时利用色彩的这一心理效应可用来调节公共空间尺度。

<u>黄、橙、赤、黄绿、绿、紫、蓝</u>
逐渐变远→

(3) 重量感：色彩具有轻重感，明度对轻重感影响最大，明度越大感觉越轻，同时彩度强的暖色感觉重，彩度弱的冷色感觉轻。公共设施设计中，顶部设备宜采用轻感色，底部应比顶部显得重，给人稳重和安定感。

黑、蓝、红、橙、绿、黄、白

逐渐变轻→

（4）醒目感：公共设施的色彩不同，引起人的注意程度不同，色相对醒目感的影响最大。光色的诱目性顺序为：红＞蓝＞黄＞绿＞白；物体色的醒目感是红色＞橙色及黄色。公共设施色彩的诱目性还取决于它与背景色彩的关系，在黑色或中灰色背景中，诱目性为黄＞橙＞红＞绿＞蓝；而在白色背景下则是蓝＞绿＞红＞橙＞黄。

（5）大小感（尺度感）：物体色彩不同，给人产生不同的大小感觉，一般明度高和彩度大的物体显得大，顺序为：白＞红＞黄＞灰＞绿＞蓝＞紫＞黑。

（6）性格感：色彩有使人兴奋和沉静的作用。色相起主要作用，一般红、橙、黄、紫红为兴奋色；蓝、蓝绿、紫蓝为沉静色；黄绿、绿和紫色为中性色。

6. 色彩调和

（1）色彩调和（协调）：两种以上的颜色相配时的协调关系，它包括色相调和、明度调和、彩度调和以及面积调和。通常在公共设施的设计上采用相近的类似色彩组合，或者相同明度的不同色彩组合。合理的对比也是协调的，如绿色与红色是一对协调的对比色，形成对比调和关系。

（2）色彩对比的7种形式

① 色相对比：未经混和的原色以其最强烈的明度来表示的对比。如，黄、红、蓝是极端的色相对比，这种对比需要清晰可辩的色相，在强调公共设施的醒目作用时可采用此设计方法。

② 明暗对比：白色与黑色是强烈的明暗对比。一般无彩色时的明暗易于区别，而不同色相时明暗对比的明暗层次就难于区别。

③ 冷暖对比：在蓝绿色的公共空间里比在橙红色公共空间里感觉温度低2.78～3.89℃。暖色环境配上冷色的公共设施构成冷暖对比，可以增加美感和舒适感。

④ 补色对比：如果两种颜料调和后产生中性灰黑色，则称这两种色彩为互补色。两种这样的颜色能构成差异的补色对比效果。观看某种色彩后闭目时所产生的色彩残像即为补色，黄与紫、红与绿都是互为补色。

⑤ 同时对比：所谓同时对比就是看到任何一种特定的色彩时，视觉系统会同时要求它的补色，如果这种补色在视觉区内不存在，视觉系统就会自动地产生这种补色，正是这个原理，色彩和谐才有互补色的规律。如果在一块大色域环境中观察一块小黑方块，会出现以下的补色效应：

大色域是红色时，则小黑方块变成略呈绿色的灰色。

大色域是绿色时，则小黑方块变成略带红色的灰色。

大色域是紫色时，则小黑方块变成略带黄色的灰色。

⑥ 面积对比：面积对比是指两个或更多个色块构成的相对色域，是一种多与少、

大与小之间的对比。使用面积对比的目的是使色彩比例平衡,防止某种色彩更突出。一般情况下,大面积色彩应降低彩度(如公共设施的彩度应为2级以下),小面积色彩应提高彩度(如公共设施中的构件应为2~4级,按键等宜采用4级以上的彩度)。

⑦ 彩度对比:彩度即彩色的纯度,彩度对比就是高纯度的强烈色彩与稀释的暗淡色之间的对比。一般在公共设施的外涂料设计上根据环境灵活运用。

7. 色彩要素

色彩是一门复杂的学问,也是一个促使人们不断探索的课题。不只是因为色彩本身的多姿多彩,而是在于色彩是随着人们情感的不同和认知的差异而千变万化的。色彩的原理和特性已在广泛的领域里被人们自觉或不自觉地加以应用,并随处可以找到精彩的案例。本章节不侧重于色彩原理上的探讨,而是就产品中通常所涉及的色彩问题进行分析。

(1) 公共设施色彩的意义

在人的五感(视觉、听觉、触觉、嗅觉、味觉)中,以视觉为大。与视觉相关的产品形式中包含着三大要素:形、色、质(材料),在某些情况下,色的重要性要大于形和质。当然色与形、质是不可分割的整体,甚至相互依存,但色的作用是不可取代的(同一主题可以用不同的形态表达、材质也可以互换和模仿)。因为色彩相对于形态和材质,更趋于感性化,它的象征作用和对于人们情感上的影响力,远大于形和质,这在生活中不乏案例。产品一旦进入成熟期,技术上的竞争力就会逐年增长,而继续维系其优势存在的是形和色,比如电话机、卫生器、座椅之类的公共设施,一旦在技术上趋于成熟后,便竞相在造型上和色彩上求变、求新,以增加产品的附加值和竞争力。相比之下,色的变化比形的变化代价要小的多,款式的变化是有限的(受设计、制造与成本的制约),而色的变化是无限的,即便是同一种产品,通过色彩设计就可以造成完全不同的视觉效果。企业重新构筑了量产化方式与市场的关系,这也许就是现代量产化的雏形,如在企业里设置外观设计部门,配合组织化的企业营销战略,特别是还成立了色彩总体策划部门,根据人们特有的心理意识,以区别色彩方案的设计,其意义是深远的。尽管色彩战略究竟在多大程度上影响竞争对手的竞争力还不很清楚,但至少企业对应消费者需求设立色彩计划部门的举措是一个珍贵的启示:所谓商品,不止于功能品质,而应该具有综合品质,这其中就包含了色彩要素。

色彩的意义远不止于此,以上所涉及的仅仅是宏观的意义,在具体处理产品色彩时还要根据具体目的,使色彩发挥不同的作用。

(2) 公共设施产品色彩设计

在"造型要素"一节中已叙述了形作为承载功能的要素在设计中的关键作用,色的因素也应包含其中,形色不可分,只是形在传达意义的时候,色被忽略了。人们认知一种产品的属性,往往看到的或想到的只是形,如果将色的因素抽去,对产品形的认知度就会降低或被扰乱。长期以来电脑的色彩大多数为浅米灰色,如果将电脑色彩设计成大红色人们便会感到不可思议。电脑、复印机之类的、带有办公性质的产品多为灰、黑色系，这里面必然有色彩属性与形态属性相一致的原因。办公在产品的心理感受上归属于理性的范围，人们有先入为主地将某个色与某个形联系起来的习惯。随着追求感性化时代的到来，产品彩色化的倾向趋于明显，出奇出彩已成为产品设计的一种策略手段，利用人们潜意识中常常将形、色融为一体的特点，创造强烈的品牌形象。如苹

图3-52　公共设施的色彩对比设计

果G3、G4电脑的外观设计，突破了人们对该类产品的一贯认识，一改电脑产品理性意味的形与色，赋于新产品以感性意味的面貌。如今市面上有不少相同的设计，当人们将这种形与色的特征移植到其他类型产品上时，仍然是形色相随——将半透明的色和富于感性意味的形同时移植。

以上分析是强调人们在感性上对形与色的认知，而在实际的设计中要进行理性的判断。因为设计者在公共设施上使用的色彩，未必是自己所喜好的色彩，而只是一种运用色彩达到预期目的的手段。以下列举几项在产品设计时常用的手法：

① 同一公共设施造型，用不同的色彩进行表现，形成产品纵向系列。

② 同一公共设施形态用不同色彩进行各种分割（根据产品结构特点、用色彩强调不同的部分），形成产品的纵向系列。这种色彩的处理方法会在视觉上影响人对形态的感觉，即使是同一造型的公共设施，会因其色彩的变化而对形态的感觉有所不同。

用同一色系，统一不同种类、不同型号的产品，形成产品横向系列，使公共设施具有家族感，是树立品牌形象、强化企业形象的常用手段。即便是不同厂家生产的公共设施，营销企业也可以用色彩将其统一在本企业的品牌之下。

③ 以色彩区分模块，体现产品的组合性能。

④ 以色彩进行装饰，以产生富有特征的视觉效果。

(3) 色彩与功能

利用色彩的原理和特性，辅助产品功能。色彩同形态一样，也具有类语言功能，也能传达语意。在进行色彩设计时，可以利用人们约定俗成的传统习惯，通过色彩产生联想。或者将色彩与形态一同视为符号，利用这种色彩符号暗示功能，传达意图。在这点上，色较之形更单纯明了，在传达语意上不像形那样带有模糊性，色在表示功能时往往比较明确。色彩与产品功能的关系通常表现为以下方面：

① 以色彩结合形态对功能进行暗示。如电器的按钮或产品的某个部位用色加以强调来暗示功能。

② 以色制约和诱导行为。如红色用于警示，绿色表示畅通，黄色表示提示。由于

地域、民族的不同，对色的感受也有差异，色彩的暗示作用也不尽相同。但许多指示性色彩已存在国际标准，如红色表承 STOP，绿色表示 START 等等。

③ 以色彩象征功能。象征功能的色彩有些是根据色彩本身的特性所决定的，有的则是约定俗成。如我国的邮筒用的是邮政专用绿色，而有的国家则是用橘红色。

有时产品的特征属性是用色彩来体现的，这在前面已经提到，但色彩不仅仅是表承单个商品的特性，通常反映的是商品的群体形象甚至关系到企业的形象和理念，所以产品色彩具有战略意义。公共设施色彩必须满足以下条件：

——用色彩表示商品属性（功能、形态、材质）。
——色彩表承与商品属性和形象相适应。
——以色彩体现工作环境和生活环境的舒适性。
——所选用的色彩不仅适用于单产品，还要适用于纵横系列中的产品群。
——使用公众持续看好的、富有生命力的色彩。
——色彩要体现企业的品质。

（4）色彩与象征

色彩的象征作用是明显的，同时也是非常微妙和复杂的。不同民族、地域和文化背景，对色的理解是不一样的。但人类的感性具有共通的一面，对色彩的直观感受也存在很多共性，这也正是色彩产生象征作用的基础。象征作用产生于联想，不同的色彩感觉会导致不同的色彩联想，因而也就有不同的象征作用。

那么，如何将色彩的象征作用应用于公共设施设计？仅围绕公共设施本身是无法展开的，根本上还要取决于对色彩原理的掌握，而且还需对人的认知心理进行研究。色彩的功能是相对的，而人对色彩情绪化的反应则是不可测的。纵观社会背景的变迁，人性化的因素在不断增加，从公共设施色彩化的倾向可以看出，色彩已逐步从功能性走向情绪化，使公共设施色彩具有时代的象征意味。

（5）色彩管理

所谓色彩管理就是从企业的总体目标出发，在从产品计划、设计营销、服务等整个企业活动的所有环节中，以理性的、定量化的方法对所使用色彩的色相、明度、纯度进行统一控制和管理。色彩管理实质上是一个技术性的过程，是将已定案的色彩计划在严格的技术手段控制下付诸实施，使最终产品能准确地体现设计意图。实施设计管理的目的在于以下几个方面：

① 对异地生产的产品和部件进行色彩标准化（由色彩计划提出的产品标准或企业标准）控制。如今的产品生产往往是社会化的生产方式，尤其是虚拟化企业的出现，形成了同一品牌的产品由不同企业分别在异地生产，在这种情况下，色彩管理尤为重要。

② 对互换式生产方式所生产的产品进行色彩控制。这种生产方式的特点就是将产品某一个部分进行更新，使这一个部分能与产品的其他部分进行互换，以最小的成本、最快的速度推出新产品。这样就造成了一个产品的不同部件，并不是同时、同地、同厂生产，而且前后存在时间跨度。在这种情况下，产品的色彩仍然要与色彩计划保持

图3-53　公共设施的色彩象征功能　　　　图3-54　公共设施的色彩分割功能

高度一致，色彩管理必不可少。

③ 企业形象战略的需要。色彩计划往往贯穿于企业活动的各个方面，包括产品、宣传、促销，也是企业理念的象征。有时色彩的微妙差异会影响到公众对企业品质的印象，所以，色彩管理至关重要。真正地实施色彩管理，有赖于建立全社会甚至国家的标准，尤其是异地执行色彩标准，没有相关的服务是无法实施色彩管理的。

对于设计师来说，要配合色彩管理，必须与表面色彩技术处理部门建立密切联系，相互合作。如设计师选定产品色彩是通过原材料供应商或生产厂家提供的色标来进行的，塑料产品由塑料原料供应商提供色板，需要作油漆喷涂处理的产品要由油漆供应商提供色标，或进行电子分色等。

（四）材料的质感表现

1. 材料感觉特性的概念和内容

对材料的认识是实现产品设计的前提和保证。早在1919年成立的包豪斯学院，就十分重视材料及其质感的研究和实际练习，师生们意识到材料的特性、功能等仅靠语言来理解是远远不够的，而应该运用材料进行造型训练并通过实践操作深化理解，探究其美感。人们陆续发现可以利用的各种材料时，他们就更加能创造具有独特材质感的作品。通过这种实际研习后，认识到周围的世界实在是充满了具有各种表情的质感环境，同时领悟到了若不经过材质的感觉训练，就不能正确把握材质运用的重要性。

材料感觉特性的内容主要是材料的质感，是人的感觉系统因生理刺激对材料作出的反应或由人的知觉系统从材料表面特征得出的信息，是人对材料的生理和心理活动，它建立在生理基础上，是人们通过感觉器官对材料做出的综合印象。它包含两个基本属性：

生理心理属性，即材料表面作用于人的触觉和视觉系统的刺激性信息，如粗犷与细腻、粗糙与光滑、温暖与寒冷、华丽与朴素、浑重与单薄、沉重与轻巧、坚硬与柔软、透明与不透明等基本感觉特征。

物理属性,即材料表面传达给人的知觉系统的意义信息,也就是材料的类别、性能等。主要体现为材料表面的几何特征和理化类别特征,如肌理、色彩、光泽、质地等。

材料感觉特性按人的感觉可分为触觉质感和视觉质感,按材料本身的构成特性可分为自然质感和人为质感。

2. 材料的触觉质感

材料的触觉质感是人们通过手和皮肤触及材料而感知到的材料表面特性,是人们感知和体验材料的主要感受。

(1) 触觉质感的生理构成

触觉是一种复合的感觉,由运动感觉与皮肤感觉组成,是一种特殊的反映形式。运动感觉是指对身体运动和位置状态的感觉;皮肤感觉是指辨别物体机械特性、温度特性或化学特性的感觉,一般分为温觉、压觉、痛觉等。

触觉的游离神经末梢分布于全身皮肤和肌肉组织。人手是一种特殊的感觉器官,当手沿物体运动,跟物体接触时,肌肉紧张的运动感觉与皮肤感觉相结合,形成关于物体的一些属性,如弹性、软硬、光滑、粗糙等感觉;手臂运动与手指的分开程度,则能使人产生物体大小的感觉;而提起物体所需肌肉的屈伸力量,则能使人产生关于物体重量的感觉。

触觉对事物的感觉是相当灵敏的,其灵敏度仅次于视觉。触觉对于人们认识事物和环境、确定对象的位置和形式、发展感觉和知觉,有着十分重要的作用。

(2) 触觉质感的心理构成

从物体表面对皮肤的刺激性来分析,根据公共设施材料表面特性对触觉的刺激性,触觉质感分为快适触感和厌恶触感。人们对蚕丝质的绸缎、精加工的金属表面、高级的皮革、光滑的塑料和精美陶瓷釉面等易于接受并喜欢接触,从而产生细腻、柔软、光洁、湿润、凉爽等感受,使人感到舒适如意、兴奋愉快,有良好的官能快感;而对粗糙的砖墙、未干的油漆、锈蚀的金属器件、泥泞的路面等会产生粗、黏、涩、乱、脏等不快心理,造成反感甚至厌恶,从而影响人的审美心理。

(3) 触觉质感的物理构成

材料的触觉质感与材料表面组织构造的表现方式密切相关。材料表面微元的构成形式,是使人皮肤产生不同触觉质感的主因,同时,材料表面的硬度、密度、温度、黏度、湿度等物理属性也是触觉不同反应的变量。表面微元的几何构成形式千变万化,有镜面的、毛面的。非镜面的微元又有条状、点状、球状、孔状、曲线、直线、经纬线等不同的构成,产生相应的不同触觉质感。

在现代公共设施产品造型设计中运用各种材料的触觉质感,不仅在公共设施接触部位体现了防滑易把握、使用舒适等实用功能,而且通过不同肌理、质地材料的组合,丰富了产品的造型语言,同时也给用户更多新的感受。

3. 材料的视觉质感

图 3-55 不同质感的公共设施设计

图 3-56 具有触觉质感的公共设施座椅设计

材料的视觉质感是靠眼睛来感知材料表面特征，是材料被视觉感受后经大脑综合处理产生的一种对材料表面特征的感觉。

(1) 视觉质感的生理构成

在人的感觉系统中，视觉是捕捉外界信息能力最强的器官，人们通过视觉器官对外界进行了解。当视觉器官受到刺激后会产生一系列的生理和心理的反应，产生不同的情感意识。

(2) 视觉质感的物理构成

材料对视觉器官的刺激因其表面特性的不同而决定了视觉感受的差异。材料表面的光泽、色彩、肌理、透明度等都会产生不同的视觉质感，从而形成材料的精细感、粗犷感、均匀感、工整感、光洁感、透明感、素雅感、华丽感和自然感。

(3) 视觉质感的间接性

视觉质感是触觉质感的综合和补充。材料的感觉特性是相对于人的触感而言的。由于人类长期触觉经验的积淀，大部分触觉感受已转化为视觉间接感受。对于已经熟悉的材料，可根据以往的触觉经验通过视觉印象判断该材料的材质，从而形成材料的视觉质感。由于视觉质感相对于触觉质感的间接性、经验性、知觉性和遥测性，也就具有相对的不真实性。利用这一特点，可以用各种面饰工艺手段，以近乎乱真的视觉质感达到触觉质感的错觉。例如，在工程塑料上烫印铝箔呈现金属质感，在陶瓷上真空镀上一层金属，在纸上印制木纹、布纹、石纹等，在视觉中造成假象的触觉质感，这在公共设施造型设计中应用较为普遍。触觉质感和视觉质感的特征比较见表。

触觉质感和视觉质感的特征

	感知	生理性	性质	质感印象
触觉质感	人的表面+物的表面	手、皮肤——触觉	直接、体验、直觉、真实、单纯、肯定	软硬、冷暖、粗细、钝刺、滑涩、干湿
视觉质感	人的内部+物的表面	眼——视觉	间接、经验、知觉、遥测、不真实、综合、估量	脏洁、雅俗、枯润、疏密、死活、贵贱

(4) 视觉质感的距离效应

材料的视觉质感与观察距离有着密切关系。一些适于近看的材质，在远处观看时则会变得模糊不清；而一些适于远观的材质，如移到近距离观看，则会产生质地粗糙的感觉。因此精心选用适合空间观赏距离的材质，考虑其组合效果，是十分重要的。

4. 材料的自然质感

材料的自然质感是材料本身固有的质感，是材料的成分、物理化学特性和表面肌理等所显示的特征。比如：一块黄金、一粒珍珠、一张兽皮、一块岩石都体现了它们自身特性所决定的材质感。自然质感突出材料的自然特性，强调材料自身的美感，关注材料的天然性、真实性和价值性。

5. 材料的人为质感

材料的人为质感是人有目的对于材料表面进行技术性和艺术性加工处理，使其具有材料自身非固有的表面特征。人为质感突出人为的工艺特性，强调工艺美和技术创造性。随着表面处理技术的发展，人为质感在现代设计中被广泛地运用，产生同材异质感和异材同质感，从而获得了丰富多彩的各种质感效果。

6. 材料感觉特性的评价：以人的感觉为依据选择材料，人的感觉对材料的评价是关键。

(1) 材料感觉特性的描述

用来描述材料感觉特性的形容词相当多，我们从文献提到的有关材料感觉特性的用语中，整理出适合表示材料感觉特性的形容词。

自然——人造	整齐——杂乱	自由——束缚
高雅——低俗	鲜艳——平淡	古典——现代
明亮——阴暗	感性——理性	轻巧——笨重
柔软——坚硬	浪漫——拘谨	精致——粗略
光滑——粗糙	协调——冲突	活泼——呆板
干净——肮脏	亲切——冷漠	温暖——凉爽

(2) 材料感觉特性的测定

公共设施中可能使用的材料种类繁多，为了找出不同材料感觉特性的区别，选择了7种材料作为评价对象，分别是玻璃、陶瓷、木材、金属、塑料、橡胶、皮革。我们针对每组感觉特性制作了感觉量尺，在量尺上标注这几种材料的感觉特性。在"温暖—凉爽"尺度上，皮革与木材是较温暖的，而金属则是最凉爽的；在"光滑—粗糙"尺度上，玻璃、金属与陶瓷都属于较光滑的，而木材则是最粗糙的；在"时髦—保守"尺度上，玻璃、陶瓷与金属是较时髦的，木材则被认为是较保守的；在"感性—理性"尺度上，皮革、木材与陶瓷则被认为是较感性的，而金属则是较为理性的。

图 3-57 自然质感的公共设施坐具设计　　图 3-58 人为质感的公共设施座椅设计

(3) 影响材料感觉特性的相关因素

材料的感觉特性是材料给人的感觉和印象,是人对材料刺激的主观感受。材料感觉特性的塑造是整体的,通常表现为:

① 材料种类

材料的感觉特性与材料本身的组成和结构密切相关,不同的材料呈现着不同的感觉特性。各种材料代表的感觉特性见表:

各种材料的感觉特性

材　料	感　觉　特　性
木　材	自然、协调、亲切、古典、手工、温暖、粗糙、感性
金　属	人造、坚硬、光滑、理性、拘谨、现代、冷漠、笨重、凉爽、科技
玻　璃	高雅、明亮、光滑、干净、整齐、协调、自由、精致、活泼、时髦
塑　料	人造、轻巧、鲜艳、优雅、理性、细腻
皮　革	柔软、感性、浪漫、温暖、手工、古典
陶　瓷	高雅、明亮、整齐、精致、时髦、凉爽
橡　胶	人造、低俗、阴暗、束缚、笨重、呆板

② 材料成型加工工艺和表面处理工艺

材料的感觉特性除与材料本身固有的属性有关外,还与材料的成型加工工艺、表面处理工艺有关。常表现为同质异感和异质同感,如同一质地的花岗石材,不经任何加工处理的毛面花岗石,给人以朴实、自然、亲切、温暖的感觉,而表面经精磨加工的光亮花岗石,给人以华丽、活泼、凉爽的感觉。又如塑料制品表面经镀铬处理后,外观质感与不锈钢制品质感相同,给人以精致、光滑、炫目、豪华等感觉。不同的加工方法和工艺技巧会产生不同的外观效果,从而获得不同的感觉特性:

锻造工艺——锻造工艺充分利用了金属的延展性,化百炼钢为绕指柔。特别是在锻造过程中产生的非常丰富的肌理效果,可圆、可方、可长、可短、可规则、可随意、可粗犷、可精细，忠实地保留下制作过程中情绪化的痕迹，具有强烈的个性化特征和浓厚的手工美。

铸造工艺——铸造工艺良好的复写功能可精确地复制出纤细的叶脉、粗砺的岩石，甚至流动的液体，丰富了金属的表现范围。

焊接工艺——焊接工艺是现代科技的产物，各种复杂的造型，均可通过焊接来完成。焊接不仅是实现造型、表达意念、倾泻情感的表达技艺，同时也有一种艺术的表现力。焊接后的锉平、抛光是一种工艺美，有意识保留焊接的痕迹，能产生奇特的肌理美，丰富公共设施的艺术美感。

铆接工艺——铆接工艺具有一种强烈的工业感和现代感。铆接的铆钉头有节奏的整齐排列，形成一种肌理变化。

编织工艺——编织工艺是一种由纤维艺术发展而来的工艺，是将丝状材料按一定的方法编织在一起，可产生极富韵律和秩序感的肌理效果。

车削工艺——车削后的材料表面有车刀的连续纹理，有旋转感。

磨削工艺——磨削后的材料表面精细光滑，富有光泽感。

电镀工艺——电镀材料表面不仅能改变材料的表面性能，而且表面具有镜面般的光泽。

喷砂工艺——喷砂工艺能使材料获得不同程度的粗糙表面与花纹、图案，通过光滑与粗糙、明与暗的对比给人以含蓄、柔和的美感。

③ 其他因素

材料感觉特性在很大程度上受时代的制约，与时代的科技水平、审美标准、流行时尚等因素有着直接的关系。由于人们的经历、文化修养、生活环境、风俗和习惯等的差异，材料的感觉特性只能相对比较而言。

7．质感设计

任何公共设施无论其机能简单或复杂，都要通过外观造型使机能由抽象的层面转化为具体的层面，使设计的理念物化为各个应用实体。现代设计中的质感设计作为公共设施造型的要素之一，随着材料科学和加工技术的不断进步以及物质材料的日益丰富越来越受到设计师的青睐。公共设施造型在取得合理的功能设计后，其表面的质感设计可以使公共设施形态成为更加真实、含蓄、丰富的整体，使公共设施自身的形象更个性，向使用者感官输送各种信息，以满足使用者对各种设施的新要求。

质感设计是公共设施产品造型设计中一个重要的方面，是对公共设施造型设计的技术性和艺术性的先期规划，合乎设计规范的"认材—选材—配材—理材—用材"的有机过程。

（1）质感设计的形式美法则

形式美是美学中的一个重要的概念，是从美的形式发展而来的，是一种具有独立审美价值的美。广义讲，形式美就是生活和自然中各种形式因素（几何要素、色彩、材质、光泽、形态等）的有规律组合。

图3-59 访自然质感的公共设施　　图3-60 金属质感的公共设施

形式美法则是人们长期实践经验的积累，是一种普遍原则，是造型设计中重要的造型原则。整体造型完美统一的原则，是一切造型形式法则具体运用的尺度和归宿。在公共设施造型设计中要善于发现和发挥功能、材料、结构、工艺等自身合理的美学因素，在设计创造中，运用形式美法则去发挥和组织起各种美感因素，达到形、色、质的完美统一。质感设计的形式美法则实质上是各种材质有规律组合的基本法则，它不是凝固不变的，是一个从简单到复杂、从低级到高级的过程，它是随着科技文化和艺术审美水平的发展而不断更新的，应灵活掌握使用。

① 调和与对比法则

调和与对比法则是指材质整体与局部、局部与局部之间的配比关系。各部分的质感设计应按形式美的基本法则进行配比，才能获得美的质感享受。调和与对比法则的实质就是和谐。调和法则就是使整体中各部位的物面质感统一和谐，其特点是在差异中趋向于"同"，趋向于"一致"，强调质感的统一，使人感到融合、协调。

对比法则就是整体中各个部位的物面质感有对比的变化，形成材质的对比、工艺的对比，其特点是在差异中趋向于"对立"、"变化"。质感的对比虽然不会改变公共设施的形态，但由于丰富了公共设施的外观效果，具有较强的感染力，使人感到鲜明、生动、醒目、振奋、活跃，从而产生丰富的心理感受。

在同一公共设施中使用同一种材料，可以构成统一的质感效果。但是，如果各部件的材料以及其他视觉元素（形态、大小、色彩、肌理、位置、数量等）完全一致，则会显得呆板、平淡，而失去生动性。因此在材料相同的基础上寻求一定的变化，采用相近的工艺方法，产生不同的表面特征，形成既有和谐统一，又有微妙变化的感觉，使设计更具美感。

第三章　环境设施设计的要素及工作计划

在同一公共设施中使用差异性较大的材料可以构成强烈的材质对比，如天然材料与人工材料、金属与非金属、粗糙与光滑、规则与杂乱、有光与无光、透明与不透明、坚硬与柔软等。由于材质的对比已经具有了丰富的变化，所以应努力创造统一和调和，使其在对比中包含着调和。如电话亭的主体采用耐腐蚀、传效性好、高光泽的不锈钢材料，把手部分采用隔热性好、不导电、重量轻、易加工的塑料材料。

运用统一中求变化的手段，主要是着重于种种美感因素中的差异性方面，常常运用对比、节奏、重点等形式法则来展现整体造型中美感因素的多样变化。

② 主从法则

主从法则实际上就是强调在公共设施的质感设计上要有重点。所谓重点是指用材与组合时要突出中心、主从分明，不能无所侧重。质感的重点处理，可以加强公共设施产品的质感表现力。没有主从的质感设计，会使产品的造型显得呆板、单调或与此相反显得杂乱无章。心理学试验证明，人的视觉在一段时间内只能注意一个重点，而不可能同时注意几个重点，这就是所谓的"注意力中心化"。明确这一审美心理，在设计时就应把注意力引向最重要处，应恰当地处理一些既有区别又有联系的组成部分之间的主从关系。主体部分在造型中起决定作用，客体部分起烘托作用，主从应相互衬托、融为一体，这是取得造型完整性、统一性的重要手段。

在产品造型的质感设计中，对可见部位、常触部位，如面板、键面、旋钮、操纵件等，应作良好的视觉质感和触觉质感设计，要选材恰当、质感宜人、加工工艺精良。而对不可见部位、少触部位，就应从简从略处理。用材质的对比来突出重点，常用非金属衬托金属，用轻盈的材质衬托沉重的材质，用粗糙的材质衬托光洁的材质，用普通的材质衬托贵重的材质。如自动取款机的主体部分是经表面处理具有高光的金属质感，操作部分采用亚光的塑料材料，充分体现了质感设计的主从法则。

(2) 材料的抽象表达

任何材料都充满了灵性，任何材料都在静默中表达自己。无论人们是有意还是无意，都在不知不觉中感受并接纳了它。面对一种材料人们经常会产生各种感觉，这些感觉的扩张就会产生将材料做这样或那样处理的有意或无意的设计行为，这种设计行为就称为材料的抽象表达。

① 材料的抽象表达

材料的抽象表达是将材料的某些特征(色彩、光泽、肌理、质地、形态)加以提炼、升华为具有某种审美价值的意象，并沿着抽象表达的共同方向，使材料成为能够唤起人们某种情感的具有抽象意念的材料，是材料的视觉要素、触觉要素及内在的心理要素的综合抽象表达，体现为情趣、力感、空间感、动感、生命等。材料的感觉特性是材料具有抽象表达的重要因素。材料的规定质感(材料的色彩、光泽、形状、肌理、透明、莹润等)形成了材料的抽象视觉要素; 材料的触觉质感(材料的硬软、干湿、粗糙、细腻、冷暖等)则形成了材料的抽象触觉要素。另一方面，材料内部充满了一种张力，

图3-61 不同质感对比的公共设施设计　　图3-62 公共设施的视觉元素质感设计　　图3-63 公共设施的质感表现力

这种隐藏着的内在特性，形成了材料的心理要素。

② 抽象思维是材料抽象表达的基础

抽象思维是非具象的思维，是抽取了形体的本质属性、撇开非本质属性的思维，在思维中抽象符号代替了具体形象，同时这种思维还融进了人们艺术和文化的修养及个人的激情。抽象思维基于人的感觉，而感觉是人与生俱来的，当感觉与感觉沟通、联贯时，抽象思维就得以形成。一个成功的公共设施设计师，必须通过眼睛和手去认识世界，关注自然界的各种形态，掌握自然形态结构的典型特征并对其进行归纳夸张，运用抽象思维的才能，关注材料的抽象表达，将人的情感与自然形态相结合，使自然形态转化为具有生命力和富有情感的设计形态，使材质特征和表现形式得以充分展现。

现代设计越来越注重材料的抽象表达，材料的抽象表达在现代人群里得到了理解和尊重，人们能够像欣赏音乐一样来欣赏材料的抽象美，能够在材料的境界中感受到美。因此，材料的抽象表达在现代公共设施的设计中培育永恒的魅力。

8．材料的美感

美感是人们通过视觉、触觉、听觉在接触材料时所产生的一种赏心悦目的心理状态，是人对美的认识、欣赏和评价。

公共设施造型美是广义的、多元的，它包括公共设施的功能美、结构美、色彩美、形态美、材料美、工艺美等。公共设施的造型美与材料的材质有密不可分的关系，材质美是公共设施造型美的一个重要方面，人们通过视觉和触觉、感知和联想来体会材质的美感。不同的材料给人以不同的触感、联想、心理感受和审美情趣，如黄金的富丽堂皇、白银的高贵、青铜的凝重、钢材的朴实沉重、铝材的平丽轻快、塑料的温顺柔和、木材的轻巧自然、玻璃的清澈光亮。

材料的美感与材料本身的组成、性质、表面结构及使用状态有关，每种材料都有着自身的个性特色。材料的美感主要通过材料本身的表面特征表现出来的。在造型设计中，应充分考虑材料自身的不同个性，对材料进行巧妙的组合使其各自的美感得以表现，并能深化和相互烘托，形成符合人们审美追求的各种情感。

(1) 材料的色彩美

材料是色彩的载体,色彩不可能游离材料而存在,色彩有衬托材料质感的作用。材料的色彩可分为材料的固有色彩(材料的自然色彩)和材料的人为色彩。

材料的固有色彩或材料的自然色彩是公共设施设计中的重要因素,设计中必须充分发挥材料固有色彩的美感属性,而不能削弱和影响材料色彩美感功能的发挥,应运用对比、点缀等手法去加强材料固有色彩的美感功能。材料的人为色彩是根据公共设施装饰需要,对材料进行造色处理,以调节材料本色或强化和烘托材料的色彩美感。在造色中,色彩的明度、纯度、色相可随需要任意选定,但材料的自然肌理美感不能受影响,只能加强,否则就失去了材料的肌理美感作用。

孤立的材料色彩是不能产生强烈的美感作用的,只有运用色彩规律将材料色彩进行组合和协调,才会产生明度对比、色相对比和面积效应以及冷暖效应等现象,突出和丰富材料的色彩表现力。

(2) 材料的肌理美

肌理是由天然材料自身的组织结构或人工材料的人为组织结构设计而形成的,在视觉或触觉上可感受到的一种表面材质效果。它是公共设施造型美构成的重要元素,在公共设施造型中具有极大的艺术表现力。

任何材料表面都有其特定的肌理形态,不同的肌理具有不同的审美品质和个性,会对心理反应产生不同的影响。如有的肌理粗犷、坚实、厚重、刚劲,有的肌理细腻、轻盈、柔和、通透。即使是同一类型的材料,不同的品种也有微妙的肌理变化,如不同树种的木材具有细肌、粗肌、直木理、角木理、波纹木理、螺旋木理、交替木理和不规则木理等肌理特征。这些丰富的肌理对公共设施造型美的塑造具有很大的潜力。

根据材料表面形态的构造特征,肌理可分成自然肌理和再造肌理;而根据材料表面给人以知觉方面的某种感受,肌理还可分为视觉肌理和触觉肌理。

自然肌理——材料自身所固有的肌理特征,它包括天然材料的自然形态肌理(如天然木材、石材等)和人工材料的肌理(如钢铁、塑料、织物等)。自然肌理突出材料的材质美,价值性强,以"自然"为贵。

再造肌理——材料通过表面面饰工艺所形成的肌理特征,是材料自身非固有的肌理形式,通常运用喷、涂、镀、贴面等手段,改变材料原有的表面材质特征,形成一种新的表面材质特征,以满足现代公共设施设计的多样性和经济性,在现代公共设施设计中被广泛应用。再造肌理突出材料的工艺美,技巧性强,以"新"为贵。

在公共设施设计中,合理选用材料肌理的组合形态,是获得公共设施整体协调的重要途径。材料肌理形态的组合方式主要有:

① 同一肌理的材料组合:一般通过对缝、碰角、压线、横竖纹理的设置、肌理的微差、肌理的凹凸变化等来实现同一肌理的组合协调。这种组合形态易于统一,整体效果好,但组合不好则会产生单调感。

② 对比肌理的材料组合:材料的肌理美感许多是靠对比的手法来实现的。两种以

图 3-64 公共设施的细部质感表现　　　　图 3-65 公共设施材质组合的工艺美

上材料肌理组合配置一般通过鲜明肌理与隐蔽肌理、凹凸肌理与平面肌理、粗肌理与细肌理、横肌理与竖肌理等的对比运用，产生相互烘托、交相辉映的肌理美感。肌理虽是依附于公共设施表面的材质处理，但因为同一形态肌理处理的差别，可能使其表面效果截然不同。用有形的、动态的、美的肌理强化公共设施的外观形象，使公共设施传递出各种美的信息。

③ 材料的质地美：材料的质地是材料内在的本质特征，主要由材料自身的组成、结构、物理化学特性来体现，主要表现为材料的软硬、轻重、冷暖、干湿、粗细等。如表面特征（光泽、色彩、肌理）相同的无机玻璃和有机玻璃，虽具有相近的视觉质感，但其质地完全不同，分属于两类材料——无机材料和有机材料，具有不同的物理化学性能，所表现的触觉质感也不相同。质地是与任何材料有关的造型要素，它更具有材料自身的固有品质，一般分为天然质地与人工质地。在设计中，公共设施材料质地特性及美感的表现力是在材料的选择和配置中实现的。

(3) 材料的光泽美

人类对材料的认识，大部分依靠不同角度的光线。光是造就各种材料美的先决条件，材料离开了光，就不能充分显现出本身的美感。光的角度、强弱、颜色都是影响各种材料美的因素。光不仅使材料呈现出各种颜色，还会使材料呈现不同的光泽度。光泽是材料表面反射光的空间分布，它主要由人的视觉来感受。

材料的光泽美感主要通过视觉感受而获得在心理、生理方面的反应，引起某种情感，产生某种联想从而形成审美体验。根据材料受光特征可分为透光材料和反光材料。

① 透光材料

透光材料受光后能被光线直接透射，呈透明或半透明状。这类材料常以反映周围的景物来削弱自身的特性，给人以轻盈、明快、开阔的感觉。透光材料的动人之处在于它的晶莹，在于它的可见性与阻隔性的心理不平衡状态，以一定数量叠加时，其透光性减弱，但形成一种朦胧美。

② 反光材料

反光材料受光后按反光特征不同分为定向反光材料和漫反光材料。定向反光是指光线在反射时带有某种明显的规律性。定向反光材料一般表面光滑、不透明，受光后明暗对比强烈，高光反光明显，如抛光大理石面、金属抛光面、塑料光洁面、釉面砖等。这类材料因反射周围景物，自身的材料特性一般较难全面反映，给人以生动、活泼的感觉。

漫反光是指光线在反射时反射光呈360°方向扩散。漫反光材料通常不透明、表面粗糙，且表面颗粒组织无规律，受光后明暗转折层次丰富，高光反光微弱，为无光或亚光，如毛石面、木质面、混凝土面、橡胶和一般塑料面等。这类材料则以反映自身材料特性为主，给人以质朴、柔和、含蓄、安静、平稳的感觉。

（4）材料的形态美

形态作为材料的存在形式，是造型的基本要素。设计材料的形态通常分线材、片材和块材。不同的材料形态蕴含着不同的信息和情感。

① 线材的美感

线状材料通常有竹、藤、金属丝（如钢丝、铜丝等）、木条、塑料管、塑料棒、棉线、麻绳、草绳及化纤线等。在运用线材进行设计构思时，应把握线材的形态变化（直线、曲线）和组合特征。运用重叠、并列、虚实、渐变等手法可产生出丰富的视觉效果，充分展现线状材料的材质与造型的美感。

线材的特征与线的性质相似，具有长度和方向感，在空间有伸长的力量感，表现为轻巧、虚幻、流动、优美、灵活多变的造型特色。线材的形态可分为：

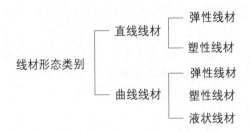

② 片材的美感

片状材料通常有纸板、木板、金属板、塑料板、塑料泡沫板、玻璃板、石板、皮革等。片材的运用与线材类似，所不同的是片材造型所占的空间比线材的更大，造型应着重考虑空间虚实、结构形式、材料力学特性等因素。

片材是现代公共设施设计应用最多的材料，具有延伸感和空间的虚实感，其侧面具有线材的特征。片材的形态可分为：

③ 块材的美感

块材是一个封闭的形态，是实体最具象的存在，它不像线材和片材那么敏锐、轻快，而是稳重、扎实、安定的实体，具有重量感、充实感和较强的视觉表现力。块材的形态可分为：

图 3-66　公共设施材质对比的肌理光泽美

块状材料有自然生成的实体，有经过人为加工修饰而成的实体，其种类通常有石材、木材、混凝土、黏土、合成材料等。块材的造型多采用几何形体或雕刻、堆积、削减、挖空等技巧来完成。

综合形态的材料美感，是以不同形态的材料，如线材与片材、片材与块材、线材与块材或线材、片材、块材的综合而进行的造型。这种造型只要符合美的形式原理，重视形色的秩序性，满足视觉层次的要求，充分发挥材料特性必能产生美的造型。

三、环境与精神要素

（一）体现在不同环境中的设计内涵

1. 公共设施设计一贯是将功能、性能、结构、形态、色彩、材质以及成本等几大环境要素作为追求的指标，公共设施设计的指导原则就是在满足市场需求的同时，取得良好企业效益。而将环境要素作为公共设施设计、开发、生产过程中的评价指标，还是近年来的事。这不仅是可持续发展的、宏观的需要，还关系到每个公共设施的生产者、使用者的实际利益，也就是重视公共设施与环境的关系、环境与人的关系的意义。

外部结构：外部结构不仅仅指外观造型，还包括与此相关的整体结构。外部结构是通过材料和形式来体现的，一方面是外部形式的承担者，同时也是内在功能的传达者；另一方面通过整体结构使元器件发挥核心功能。这都是公共设施设计要解决的问题范围，而驾驭造型的能力、材料、工艺知识及经验是优化结构要素的关键所在。不能把外观结构仅仅理解成表面化、形式化的因素，在实际设计中它要受到各种因素的制约。在某些情况下，外观结构不承担核心功能（必要功能）的结构，即外部结构的变换不直接影响核心功能。如电话机、自动取款机、邮箱等不论款式如何变换，其语音传输、存储及邮政功能等不会改变。但是，在另一些情况下外观结构本身就是核心功能的承担者，其结构形式直接跟公共设施效用相关，如各种材质的容器、家具等。自行车是一个典型例子，其结构具有双重意义，既传达形式又承担功能。总之，外观结构必须在外部条件和内部因素明确的情况下，才有可能进行设计上的操作。

2. 核心结构：所谓核心结构是指由某项技术原理系统形成的具有核心功能的公共设施结构。核心结构往往涉及到复杂的技术问题，而且分属不同领域和系统，在公共设施中以各种形式产生功效，或者是功能件，或者是元器件。如导购机的电机结构及信息结构产生的原理是作为一个部件独立设计生产的，可以看作是一个模块。通常这种技术性很强的核心功能部件是要进行专业化生产的，生产厂家或部门专门提供各种型号的系列公共设施部件，公共设施设计就是将其部件作为核心结构，并依据其所具有的核心功能进行外部结构设计，使公共设施达到一定性能，形成完整的公共设施结构。

系统结构：所谓系统结构是指公共设施与公共设施之间的关系结构。前面所指出的外部结构与内部结构分别是一个公共设施整体下的两个要素，即将一个公共设施看作是一个整体。系统结构是将若干个公共设施所构成的关系看作一个整体，将其中具有独立功能的公共设施看作是要素。系统结构设计就是物与物的"关系"设计。

常见的结构关系有：

（1）分体结构：相对于整体结构，即同一目的不同功能的公共设施关系分离。如常规电脑分别由主机、显示器、键盘、鼠标器及外围设备组成完整系统，而笔记本电脑是以上结构关系的重新设计。

（2）系列结构：由若干公共设施构成成套系列、组合系列、家族系列、单元系列等系列化。人对环境的欲求：人在生活活动过程中，根据自身的状态和所处的场合有不同的欲求。美国著名心理学家马斯洛(A.H.Maslow)把人的欲求分为5个阶层，并指出人的欲求是从低层向高层发展的，满足了低层欲求的人们会有更高一层的欲求。人总有一种欲求占优势，这种占优势的欲求是导致人际行为的动力(motivation)。交往(社交)是人类的基本欲求之一。心理学家舒兹把人际关系划分为三类：

① 包容的欲求，即希望与别人交往，并建立和维持友好和睦关系。
② 控制的欲求，即希望通过权力和权威与别人建立并维持良好关系。
③ 情感的欲求，即希望在情感方面与别人建立并维持良好关系。

环境与公共设施的设计必须给人们创造良好的人际交往空间，以保证人们在情感方面的交流，维持良好的人际交往关系，满足双方的社交欲求。

3. 人际行为：人际行为是指建立了一定人际关系的各方在交往过程中所表现出的相互作用的各种行为。日常生活中的人际关系是非常复杂的，接待空间中的人际关系主要有：

(1) 公共车站与机场的人群关系

(2) 商业街与广场里的宾主关系

(3) 教学与医疗环境里的讨论关系

(4) 旅游与休闲环境里的社交关系

(5) 居住环境中的人际交往关系

以上的人际关系可表现出不同的人际行为，因此交往环境也有不同的要求，在公共设施空间设计时，要充分考虑。

4．人际距离：人际交往过程中人与人之间保持的空间距离。不同的感觉器官所要求的空间距离是不同的：

(1) 嗅觉距离：1m以内人能闻到衣服和头发所散发出的较弱的气味；

2～3m以内能闻到香水或别的较浓的气味；

3m以外只能闻到很浓烈的气味。

因此，在设计交往空间环境时，公共设施的设置要留有适当距离以免出现尴尬。

(2) 听觉距离：7m以内可进行一般交谈；

30m以内可以听清楚讲演；

超过35m能听见叫喊，但很难听清楚语言。

因此，应该根据不同的使用目的布置公共设施的交往空间，如果超过30m应使用扬声器，即使使用扬声器也只能一问一答进行交流。

(3) 视觉距离：500～1000m根据背景、照明和动感可分辨出人群；

70～100m可分辨出一个人的性别、大概年龄和行为内容（因此足球场最远的观众坐席到球场中心不宜超过70m）；

30m以内能看清楚一个人的面部特征、发型和年龄；

20m以内可看清楚表情（剧场最远坐席路舞台不直超过 20m）；

1～3m可进行一般交谈。

人际距离越短，人际间的感情交流就越强。一般将人际间的距离分为4种：

① 亲密距离(0～0.45m)：表达温柔、爱抚和激愤等强烈感情的距离。在家庭居室和私密性很强的房间里出现这样的人际距离。

② 个人距离(0.45～1.3m)：亲近朋友和家庭人员的距离。家庭餐桌距离就属于这种距离。

③ 社会距离(1.3～3.75m)：邻居、同事间的交谈距离，洽谈室、会客厅等处的人际距离。两人谈话无远离感的最大距离约为2.45m。

④ （大于 3.75m）：单向交流的集会、演讲、正规严肃的接待室、大型会议室等的人际距离。

以上的人际距离为不同公共环境空间设计和公共设施布置提供依据。

5．人际行为与交往决定公共设施的空间设计

(1) 人际行为与交往空间

人际关系决定人际行为，人际行为决定交往空间。居住环境是行为与交往中重要的空间，人生10%以上的时间在此度过，它是交流、娱乐和学习的重要场所。在这里交往的人一般都是朋友、邻居和家庭人员，交往距离一般在4m以内，太远会缺乏亲近感。因此，作为公共环境设施在16~20m就可以了，如公共座椅的长度设计可根据交往的空间进行参考。

(2) 服务行为与交往空间

服务行为是顾客与服务人员之间的一种交往行为，按交往方式的不同，服务行为有以下几种：

① 间隔式服务行为：人与服务人员、服务设施之间有一个不大的隔离空间，如宾馆的服务台、银行的自动取款机、酒吧间的吧台以及商店的信息导购机等属于这种。这种空间有形并固定，人际交往距离在0.45~1.3m。

② 接触式服务行为：人与服务人员之间没有隔离的一种服务行为，如教学的辅导行为，医院的诊疗行为等，这种人际距离在0.45m以内。

新材料、新结构、新风格等的影响是明显的，公共设施设计中不可避免地要打上时代环境影响的烙印，如简洁、功能性的造型风格。大环境的特点影响人们的价值观念及生活态度，这是人性化设计观念中必须考虑的因素，忽略了这种影响就难以使人性化理想真正实现。

从物理方面考虑环境因素，主要是针对公共设施与人操作环境的关系问题。公共设施在使用时必然要受到照度、温度、湿度、声音及其他干扰等物理因素的影响，从而对公共设施的设计提出各种应考虑的问题。从人性化设计观念来考虑这些因素的影响，就是要从人的角度来分析这些物理因素的作用，使之对公共设施的不利影响减至最小，创造宜人的环境，使人在使用公共设施时能有良好的安全感、舒适感，使人的因素得到可靠的保证。物理因素的考虑对设计是有直接影响的，因此必须加以重视。

(二) 提升人们的精神文明与自觉性

在我们生活的环境里，所存在的一切有关的事物，包括衣、食、住、行等方面的公共设施，甚至交通标志、传播媒体以及一切器物设施等，由此形成了我们生活的整个环境。在这个大环境中有形的物理环境对公共设施设计具有显性的影响，也有些无形的、隐性的影响因素，如人们的传统、习俗、价值观念等，可列为文化因素加以进一步讨论。文化因素也是环境因素的一个方面。

公共设施设计往往可以影响人们生活的文化问题，甚至导致一个新的生活文化形态的形成，它对社会影响的大小全赖于该设计是否合乎人们的传统、习俗或思维方式。符合时代文化特点的公共设施设计在广泛地进入人们的生活之后，能够对人们产生巨大的影响，甚至改变着人们的生活形态。一般说来，一件公共设施应符合特定的文化特性，满足某种功能需求，表现出与时代精神和科技进步的协调关系，然后才能进入人们的生活。文化因素在公共设施设计中是必须加以考虑的。人们的生活习俗和价值观念对公共设施设计也有相当的影响力,它涉及到人们的生活态度和人们普遍的价值观念。

1. 精神价值是相对于物质价值而言的,它是客体与人精神文化需要的关系,主要包括知识价值、道德价值和审美价值。精神价值是以物质价值为基础并超越物质价值的产物,是人类全面发展进步的标志。在造物生产和公共设施设计中,精神价值主要指公共设施中所包含的科学知识价值、目的性和规律性所体现出的道德价值以及由造型、形式表现出的审美价值。

知识价值是人类对事物认识和经验的总和,也包括技术技能,由理论知识和经验知识两部分构成。知识是人对客观规律的正确反映,当知识作为客体时知识即具有了社会意义从而也具有了价值。

知识价值的显现从古至今未有中断,而且社会愈进步、愈发展,知识价值的作用愈大。人类社会发展水平,一方面取决于生产力水平,一方面取决于知识价值量的大小。随着社会历史的发展,科学文化知识的价值其贡献和作用越来越大,越来越居于重要地位。人类总是通过知识的继承、积累和创新,通过科学技术知识的发展,并将其有效地引入生产过程和社会实践中来推动社会的发展与进步。一个国家的国力大小、发展与否,与这个国家的知识总量和科学技术知识水平密切相关。现代社会是一个知识社会,未来的时代是一个知识经济的时代,知识生产成为未来社会生产力发展的关键因素。

在公共设施设计中,知识价值是由公共设施从设计到制造完成以及公共设施本身所包含的科学技术知识所体现的。公共设施往往是科学技术知识的集合体、物化物,公共设施也是知识价值最生动、最直接、最客观的代表。当然,公共设施中不仅体现了科学技术的知识价值,还体现着社会科学和哲学知识的价值,如公共设施中所蕴涵的道德价值和审美价值。

2. 道德也是一种价值,从价值尺度而言的道德是价值的一种尺度。道德价值实际上是善的价值,也就是人高尚的道德行为、优秀的品质、高尚的道德理想和人格所产生的一种精神价值。道德价值是推动社会进步、推动人类正义事业发展的真正价值。在日常社会生活中,每个人都根据自己的价值去评价别人和确定自己的行为与品质,道德价值构成了人评价和要求自己的一种尺度。如环境设施中卫生设施垃圾箱的设计,它不仅是储放垃圾的公共设施,也是用来提高人们公共道德意识、社会意识的产物,更能够反映和考验人们精神文明与爱护环境的自觉性。因此公共设施的设计不同于一件个人的消费品,它牵扯到整个公共环境的道德水准与公共利益,在中国古代所谓的"义利之辩"和"理欲之辩",实质上是道德与利益关系的论争。在义利之间有密切的相关性,即在道德与利益之间两者具有同一性,如我们提倡的公共道德根本原则是集体主义,在社会主义社会这个大集体中,个人利益和集体利益本质上是一致的,维护了个人正当的利益也就维护了集体利益,本质上也符合了公共的道德原则。在一般意义上,道德相对于人的精神需要而言，利益相对于人的物质需要而言，都属于价值的范畴，在价值意义上两者具有同一性。品德高尚的人可以牺牲个人的某些利益来维护社会的、集体的利益，但利益与道德又具有矛盾性，在利益的获取和分配方面都反映出这种矛盾。优秀的、公认的社会道德原则是调整或协调这种矛盾的工具。两者的同一性是根本的、本质性的，利益是道德的直接基础，道德属于上层建筑范畴，是由其经济基础决定的。社会的经济关系是由一定的经济利益表现出来的，因此，人类的道德随着经济的需要而发展，即适应着社会实践的需要。当然，道德与利益之间有着多重复杂的关系，有的要根据具体情况而论。例如一些发达国家的交通设施不需要警示牌，而人们会自觉地遵守交通秩序，交通事故率远低于我国。相反国内的交通安全宣传与警告、罚款不断，但仍不能阻止交通事故率的高升。另外一些公共信息设施如电话亭等遭到破坏也时有发生，这说明公共设施在提高人类文明上所起的重要作用，同时也直接反映出一个国家或地区的精神文化素养及公民的道德自觉意识。

第一，道德在一定意义上具有理想的色彩，如公共道德，人们就是以其高尚的理论为精神动力和行为指南。道德价值作为善的价值，在公共设施设计上是由公共设施的目的性所体现出来的。公共设施的目的性，主要表现在实用功能和审美功能方面，人类为了适应自身需求而进行的设施设计和生产，实用价值和审美价值的创造是其基本的目的。对于设计而言，合乎上述目的即是善的、道德的。在设计上，道德价值的体现也有不同的层次，首先是实用价值的满足与保证，为人所用的公共设施如果不能满足其目的性即是一废物。人类造物的根本目的是满足人的需要，人与周围世界的一切对象性关系也是以需要为根本前提的。人类生命活动的性质和方式，表现在人类所特有的生命需要以及满足这些需要的方式上，因此，从价值意义上来认识，物的实用价值是人类价值意识中最基本的形态，它直接维系于人生命本体的生存和延续，是人类生命价值观的产物。因此第一个历史活动就是生产满足这些需要的资料，即生产物质生活本身。这里不论是作为美的有用之物或是不美的实用之物，在造物之初的目的都表现为维持生命的需要或与人生存的绝对需要相联系。因此，在这一意义上说明了公共设施的效用价值。

经济价值与人的生命价值是同一的，并服从于永恒的生命原则。实用价值是人内在的生命价值凝结在造物上的外化形式，其巨大的聚心力几乎支配了人类工艺造物的所有历史阶段，成为人类创造活动生生不息的动力源。只有在此基础上，才有可能出现其他形态的价值观念和意识，也就是说物的实用价值是根源于人的必然性的，是必须遵从的。

第二，道德价值作为善的价值，善与美又联系在一起，即公共设施的道德价值中又包含有一定的审美价值因素或与审美价值相联系。

第三，道德尺度往往又具有伦理的意义。在公共设施设计上，设计师从事公共设施设计不仅要满足实用价值的需要，而且要通过审美价值的创造和实现使公共设施的各项性能和价值最终具有道德的乃至伦理的价值。

图 3-67　公共设施的文化因素、环境因素

3. 我们把设计看成是一种极具耐心的、思考周密的、精确无误的且富有竞争性的工作，我们通常希望其结果是实用、精美，归于伦理的范畴有其丰富的内涵，可以认为，现在最重要的也许与对自然和生态的尊重、有效利用和保护有关，以最大限度地节约资源、爱护环境为基本原则。人类的特性不仅在于它渴望真理，还在于它有互助心和责任感。本质上说，设计尤其是公共设施的艺术设计完全是人类上述特性的集中体现，设计体现了人特有的互助心和责任感。设计行为本质上是一种社会化行为，设计师所从事的设计不是为自己设计，而是为他人、为众人的设计，因此这种设计体现了人类共同的愿望，互助是最基本的内在含义。

正因为公共设施的设计是社会行动，它必然性地要对社会对他人负责，"责任感"之责任也许在一定意义上超越了一般层面上的责任，尤其是设计师的设计是通过大批量社会化生产实现的，这种设计的公共设施大量地进入社会进入人类生活，设计的责任、设计师的责任将是社会性的、巨大的。为人的设计体现了设计的全部价值或者说真正价值。立足于以人为目的的设计与为推销公共设施赚取更大利润的设计在本质上是不同的，后者有可能以华美的外在形式取悦于市场和使用者，而不顾及公共设施的真正使用价值，也有可能将公共设施美的形式演变成庸俗低级的形式而降低使用者的审美趣味。因此，在这一意义上设计具有较强的道德价值，为人而设计的思想是设计必须具有的高尚道德的一部分。而从本质上说，设计是为人服务的，高尚的道德应是其本质特征之一。

为人的设计亦要求设计师具备为人民服务的思想，设计不是个人行为也不是个人的艺术表现，而是以人类的需要和目的为宗旨的，因此从设计的宗旨而言，设计师的社会意识和社会性可以说是本质的、必然性的，为社会大众服务、为社会和时代的需求而设计，是设计师的天职。艺术家的艺术创作可以是个人的、表现的，而设计师的设计则是社会的、非表现性的，如果两者都需要激情，艺术家可以把艺术创作作为表达自己情感和激情的场所，而设计师只能将自己的激情化作对社会的责任感，以提升全人类的精神文明与道德水平。

综上所述，公共设施的人性化与自觉性的设计是受多种影响因素制约的。虽然我们在讨论这些影响因素时是分别叙述的，但可以看出，这些因素又是难以清楚划分开的，如环境因素包括有文化因素，而环境因素又部分地被包含在人机工程学因素之中等等。因此，我们应该有一种系统的整体观念，把环境的、文化的、美学的因素有机融合、综合分析，以此设定公共设施设计的目标。人性化既是一种思想也是现实的设计行动，要通过各种设计方法和设计技术把理想化为切实的行动。

总之，就精神文明因素而言，公共设施设计的影响表现在设计的风格、观念以及定位等方面，设计必须符合文化环境的特点并且应与其谐调，以适应这种潜在的因素所提出的要求。当然，还应看到人性化设计思想的根本目的并不仅仅是适应，而在于提高人们的生活质量，包括提高民族的文化素养，使人们的价值观更为合理、进步。

第二节 公共设施设计的工作计划与目标

一、项目的确定和书面策划

一个公共设施的设计开发过程通常可分为公共设施规划、方案设计、深入设计、施工设计和市场开发等阶段。

这一阶段要进行需求分析、市场预测、可行性分析，确定关键性设计参数及制约条件，最后给出设计任务书作为公共设施设计、评价和决策的依据。

公共设施开发是以需求识别开始的。优秀的设计师应该有敏锐的预见和感悟，能从生活研究和市场环境中分析出社会需求及发展趋势。需求分析包括对生活研究和市场的分析，如时尚趋势、使用需求及使用者对公共设施功能和性能质量的具体要求、竞争者的状况、现有类似公共设施的特点、主要材料、配件的供应状况及公共设施的变化趋势等等。

对公共设施开发中重大问题，经过技术、经济和社会文化各方面的细致分析及开发可行性研究，提出公共设施开发可行性报告是十分必要的。可行性报告的内容包括开发的必要性与市场调查及预测情况，相关公共设施的国内外水平与发展趋势；技术上预期达到的水平，经济效益和社会效益的分析，设计、工艺等方面需要解决的关键问题，投资费用及时间进度，现有条件下开发的可能性及需采取的措施等等。

（一）公共设施项目规划阶段

拟定开发的公共设施，要通过调研分析提出合理的设计要求，以用来指导设计的展开。一个公共设施只有在技术性能、质量指标、经济指标、整体造型、宜人性以及环境等方面得到统筹兼顾、协调一致，这种设计才是合理的。因此，拟定设计要求是设计规划(计划)阶段的重要内容。主要的设计要求有：

1. 功能要求

功能要求是指公共设施的实用功能、美学功能和象征功能。功能要求是否合理可行，可以从三方面加以分析：其一，按人、机系统进行功能分析，以便充分利用人、机各自的特点，发挥效率、方便使用等。其二，按价值工程原理来分析，如果为了实现某种功能需要过多的成本费用时应该进一步分析其必要性。其三，从技术可行性上进行分析。

2. 适应性要求

适应性要求是指情况(工作状况、环境条件等)发生变化时，公共设施适应的程度。在设计前应该分析各种变化因素(如地域、气候、温度、环境特点等)以及由此带来的后果，对设计提出什么要求能够适应这种变化，并要求公共设施所具有的工作特性等因素。

3. 人机关系要求

人机关系的协调是技术要求也是美学的要求，包括方便舒适、调节控制有效并可靠、符合人的习惯、造型和谐、操作宜人、高效等。

4. 可靠性要求

可靠性要求是指系统、公共设施、部件、零件在规定的使用条件下，在预期的使用寿命内正常工作的概率，是一项重要的质量指标。

5. 使用寿命要求

使用寿命要求是一项重要的技术指标，又具有重要的经济意义。公共设施种类不同对其使用寿命要求亦不同，有的为一次性使用寿命，有的是耐久性公共设施。设计中理想的情况是所有零部件为长寿命，但事实上不可能，应对易损件寿命与公共设施寿命的倍数关系加以研究和确定。

6. 效率要求

效率要求是指系统的植入量和输出量的有效利用程度，如路灯的发光效率等。从节约能源、提高系统经济性考虑，希望有尽可能高的效率，因为技术、成本等的制约，应提出适应于当前技术水平的、较为经济的、适度的效率指标。

7. 使用经济性要求

使用经济性要求是指公共设施在使用时支付的成本费用与获得价值的差值，如同类车辆的百公里耗油量等。

8. 成本要求

公共设施成本一般70%~80%是在设计过程中决定的。成本是一项重要的经济指标，关系到公共设施的竞争力及利润水平。就设计而言，简化、合理的精度和安全系数要求，零件结构和加工制造方法的优化等都可以降低成本。

9. 安全防护要求

公共设施应有必要的安全防护功能，确保人身及公共设施本身的安全，如过载保护、触电保护、防止错误操作装置等。

10. 与环境适应的要求

任何系统均在一定的环境中工作,环境对系统有各种干扰,系统对环境也会产生各种物理、视觉的作用等等,因此要让使用者达到一定的协调、适应水平。

11. 储运包装的要求

公共设施要经过一系列环节才能到达使用阶段,因此要考虑公共设施的储存码放、运输方法、总体尺寸、重量等因素并提出相应的要求。包装既有保护公共设施的作用也具宣传展示功能,还会在废弃时不对环境造成影响,因此也需有相应要求。

公共设施规划(计划)阶段的最终目标是明确设计任务和要求,确定公共设施开发的具体方向,并以设计任务书(要求表)的方式加以归纳,不同的公共设施应根据自身特点确定其项目内容。

公共设施设计的门类很多,其复杂程度也相差很大,每一个设计过程皆是一种创造过程,也可以说是一种解决问题的过程。由于公共设施设计与许多要素有关,因而设计并不只是单纯解决技术上的问题,它除满足公共设施本身的功能外,还应考虑如何解决与公共设施有关的各种问题。以此观点来考虑,设计者必须明确设计的要素,并根据其设计技术把这些与设计问题相关的要素变换成最适当、最协调的公共设施。

(二) 公共设施项目的设计程序

一般而言,投资者(公共管理部门)寻求环境设施设计人员的帮助总是有一定的要求,或是全新设计、或是改良设计、或是表面美化、或只是作一个局部的调整。同时,投资者常常有一些自己的想法,并对自己的公共设施有较深入的思考,可能会提出很多合理或不尽合理的要求。作为设计方对所提出的要求既要充分地尊重也要耐心地引导,使其思路逐步进入合理的轨道,这一点非常重要,为以后的顺利工作奠定了沟通的基础。由于我国公共设施设计公司或设计事务所很少,设计的工作程序还不被大多数人所了解,因此设计师还要向投资者详细介绍自己的工作原则和工作程序,以征求投资者的意见,有时候还要向投资者展示自己过去的设计成果和设计文件,以及设计环境、设备、模型工作室等。这样的展示,极易抓住投资者的感觉使其增加委托信心。

设计方通过这样的交流可以了解投资方的委托信心、投资者的实力、技术设备状况以及该公共设施现在的生产使用状况及问题。最好设计方可以去委托单位进行考查,尽可能地了解投资者以及该项目的情况。

一般情况下,这个时候可以进入商务谈判的程序。在投资者对设计方信心还不坚定,或投资者是第一次投资公共设施设计,对投入多少还没有具体规划的情况下,设计师可以采取边工作、边谈判的策略,先制定出一个"项目可行性报告"和"项目总时间表"。

1. 项目可行性报告

项目可行性报告应具备投资者(公共管理部门)的要求,对公共设施设计的方向、潜在的市场因素、要达到的目的、项目的前景及可能达到的市场占有率等等。还有对实施设计方案应当具有的心理准备及承受能力。这一报告的目的是使设计方对投资者有深入的了解，以便明确自己实施设计过程中可能出现的问题与状况。

2. 项目总时间表

项目总时间表是根据投资者的时间要求制定一个时间进程计划，并展示整个设计过程。如果投资者只是委托的方案设计，这个时间表相对就比较简单；如果投资者是委托的全部设计，这个时间表就应该包括设计过程、生产过程和试用过程几个不同的时间段，因为设计方一直要负责到该公共设施进入市场。项目总时间表主要是把握和安排合理的时间计划，有助于投资者统筹安排生产计划和实施计划，并确定生产投入规模与资金的阶段分配。

这一计划通常与投资者要进行若干次协商与调整，同时与投资者签订设计委托合同，明确责任。

二、设计前的市场调研与分析

（一）调研的重要性

科技不断迅速发展，社会正走向信息时代，世界在不断"缩小"，各种艺术品、工业产品和公共设施反映了人类精神文明和物质文明的高度发展。设计师的设计结果应当对社会或环境产生某种影响，并使其有积极有益的结果。就各种公共设施而言，大体上都有一个发生、发展和消亡的过程。设计师必须事先规划或了解自己在这个过程中的各项行动，并能预测设计的效果。设计过程始于社会需求的信息，同时公共设施设计过程中产生的反馈信息又不断地反馈于设计。因此，可以说设计过程就是信息处理的过程，是信息在设计公共设施，不但事前必须调查使用者的需求，而且调研伴随整个设计过程的始终。

从设计信息资料分析的情况来看，资料1.为需求提供包括社会的(政治、文化、生活、心理、风俗、宗教等)、经济的、技术的、法律的、生理的和环境的等资料。资料2.提供建立设计需要的条件和设计变量。资料3.提供评价体系及评价方法。资料4.提供大量的市场研究和预测的信息，以便于市场开发。资料5.则提供技术动向、新技术、新材料、新工艺及有关环保功能等信息资料。

我们必须明确，设计应该是包含在竞争里面的，我们尤其要清醒地知道，公共设施竞争能力的大小最终取决于人。因此，公共设施竞争力的关键是公共设施能否给使用者带来使用上的最大便利和精神上的满足。要使自己的设计不落俗套，就必须站在为使用者服务的基点上，并且应该从市场调研开始。调研主要分为公共设施调研、使用率调研、生产质量、数量的调研。

通过品种的调研，搞清楚同类公共设施的市场使用情况、流行情况以及市场对新品种的要求。并对现有公共设施的内在质量、外在质量所存在的问题，使用者不同年龄组的定位，不同年龄组对造型的喜好程度，不同地区使用者对造型的好恶程度，生产厂家公共设施策略与设计方向，包括品种、质量、价格、技术服务等；还有国外有关期刊、资料所反映的同类公共设施的生产实施、造型以及公共设施的发展趋势等情况也要尽可能地收集。

（二）设计调查的内容

调研方法很多，一般视调研重点的不同采用不同的方法。最常见、最普通的方法是采用访问的形式，包括面谈、电话调查、邮寄调查等。调研前要制定调研计划，确定调研对象和调研范围，设计好调查问题，使调研工作尽可能地方便、快捷、简短、明了。通过这样的调研收集到各方面的资料，为设计师分析问题、确立设计方向奠定了基础。

在调研的基础上，设计师要开动脑筋，充分发挥设计师的敏感性特点，去发现问题所在。爱因斯坦说过："提出一个问题往往比解决一个问题更重要，因为解决问题也许仅是一个数学上或实验上的技能而已，而提出新的问题、新的可能性，从新的角度去看旧的问题，却是创造性的想像力，而且标志着科学的真正进步。"

提出问题首先是能发现问题，问题的发掘是设计的动机也是起点，工业设计师第一个任务就是认清问题所在。一般问题来自各种的因素，设计师要把握问题的构成，这一能力对设计师来说是非常重要的。这与设计者的设计观、信息量和经验有关，如果缺乏应有的知识和经验，就只能设计出极其幼稚的产品。

认识问题的目的是为了寻求解决问题的方向。只有明确把握了人机环境各个要素间应解决的问题，明确了问题所在也就明确了应采用何种解决问题的方法。

设计师能否提出设计概念是非常重要的。发现了问题，明确了问题所在，也能找到解决问题的方法，但如何找到最佳点和最佳方法，这就要求设计师具有创造性的思维。通过发现与思考提出新的设计概念，并在这一概念指导下从事设计工作。有了设计概念，设计的方向明确了，便可进入下一设计阶段，这时应尽可能地收集有关资料，因为任何资料都可能是未来解决方案的基础。解决问题的资料一般包括以下内容：

（1）有关使用环境的资料
（2）有关使用者的资料
（3）有关人体工程学资料
（4）有关使用者的动机、欲求、价值观的资料
（5）有关设计功能的资料
（6）有关设计物机械装置的资料
（7）有关设计物材料的资料
（8）相关的技术资料
（9）市场状况资料

1. 市场调查

市场、环境和公共设施三者的关系构成一个相关三角形，其中任何一方的变动都

将对其他两方产生直接的影响，因此设计调查的内容包括市场需求调查、企业调查和技术调查等。市场调查包括五个方面。

（1）市场环境调查：指调查影响企业营销的宏观市场因素，这对企业来说多为不可控制因素，如有关政策法令、经济状态、社会环境（人口及文化教育、年龄结构等）、自然环境、社会时尚、科技状况等。

（2）市场需求调查：包括公共设施的调查（规格、特点、寿命、周期、包装等）；使用者对现有商品的满意程度、信任程度及满意的普及率；使用者的使用能力、设置动机、使用习惯、分布情况等。

（3）商品的调查：包括分析环境的容纳量、变化趋势及原因；市场占有率的变化；市场发展的变化趋势，需求与经济的关系；生产的定价目标、影响使用的因素、使用心理等，以制定合理的价格策略。

（4）对生产者的调查：包括了解企业的数量和规模以及各管理层（董事会、经营单位、母公司与子公司等）的结构、经营宗旨与长远目标，对生产的产品质量和其他企业的评价；它的现行战略（低成本战略、高质量战略、优质服务战略、多角化战略）；生产的优势和弱点（品质量和成本，市场占有率，对环境的应变能力和设计开发能力，采用新技术、新工艺、开发新公共设施的动向等）。

（5）国际市场的调研：应收集具有国际创新性及有关商情资料、数据的统计资料、主要生产公共设施的环境及国情、公共设施更新与市场发展趋势等等。

2．企业调查

经营是企业最基本、最主要的活动，是企业赖以生存和发展的第一职能。对企业的调查主要是经营情况的调查，包括公共设施分析、销售与市场调查、投资调查、资金分析、生产情况调查、成本分析、利润分析、技术进步情况、企业文化、企业形象及公共关系情况等。根据公共设施开发的需要可选项调查，并将调查结果制成图表。

3．技术调查

要掌握技术动向，应该了解技术集中和分布的情况，特别是要了解技术上空白的情况，以便集中人员和资金进行研究。有不少发明创造和专利用到生产中时还要进行技术开发，这也是在公共设施开发时要重视的。

环境问题日益成为设计师关注的一个问题，目前正在日益兴起绿色使用革命，市场上已经出现大量印有生态标志的商品，这些商品不会在生产、使用到废弃的过程中对生态环境造成污染。环保功能正日益成为评价公共设施的重要指标，因此要注意开发这方面的先进技术。

（三）调查对象的选择

1．全面调查：这是一种一次性的普查。

2．典型调查：这是以某些典型单位或个人为对象进行的调查。

3．抽样调查：这是从应调查的对象中，抽取一部分有代表性的对象进行调查，以推断整体性质。根据抽样方法不同可分为三类。

（1）随机抽样：按随机原则抽取样本，又可分为简单随机抽样、分层随机抽样和分群随机抽样三种。

① 简单随机抽样：随机抽样中最简单的一种。抽样者不作任何选样，而用纯粹偶然的办法抽取样本，这种方法适于所有与个体相关不大的总体。

② 分层随机抽样：先把要调查的总体按特征进行分类，然后在各类中用简单随机抽样的方法抽取样本。这种方法可增强样本的代表性，避免抽样中可能集中在某一层次的缺点。

③ 分群随机抽样：先把被调查总体分成若干群体，这些群体在特征上是相似的，然后再从各群体中用分层抽样或随机抽取样本进行分析。分群抽样适于调查总体十分庞大，分布比较广泛均匀的情况，这种方法可以节约人力、物力和节省时间。

（2）等距抽样：将调查总体中的个体按一定标志排列，然后按相等的距离或间隔抽样。

（3）非随机抽样：根据调查人员的分析、判断和需要进行抽样。又可分为任意抽样、判断抽样和配额抽样三种。

① 任意抽样：调查人员随意抽样的方法。当总体特性比较相近时可以采用这种方法，但此法可信程度较低。

② 判断抽样：根据调查人员对调查对象的分析和判断，选取有代表性的样本调查。当调查者对调查总体熟悉而又有特殊需要的调查可有较好的效果。

③ 配额抽样：这是按照规定的控制特性和分配的调查数额选取调查对象的方法。所抽取的不同特性的样本数应与其在总体中所占的比例一致。

（四）收集资料的方法

1. 询问法（问卷调查）

按问卷传递方式不同可分为面谈调查、电话调查、邮寄调查及留置问卷等，根据其适用范围及优缺点选择不同方式进行调查，从而获得满足自己需要的情报资料。

2. 查阅法

通过查阅书籍、刊物、专刊、样本、目录、广告、报纸、录像、论文、网络等，来寻找与调研内容有联系的相关情报资料。

3. 观察法

由调查员或仪器在现场观察的一种方法。由于被调查者并不知道正在被调查，一切动作均很自然，有较强的真实性和可信性。

（1）使用者行为观察：可观察到使用者对公共设施的喜爱程度，为新设计提供资料。

（2）操作观察：可观察到使用者对公共设施使用时的操作程序、习惯等，为改进公共设施提供资料。

4. 实验法调查

实验法是把调查对象置于一定的条件下，有控制地分析观察某些环境变量之间的因果关系。例如在调查包装、价格对使用量的影响时，就可以先后在试用过程中逐渐变动价格,或者同时对控制组(正常条件下的非实验调查对象)和实验组(采用实验包装、价格的调查对象)进行对比。这种方法同样可进行质量、品种、外观造型、广告宣传等方面的调查。

有时也可将实际公共设施交由受测者使用，或者在小范围内试销然后收集信息，经分析研究作出改进设计。这种方法比较客观并富于科学性，但需要时间较长，且成本较高。

5. 个案调查

人类已经进入了一个信息和交流的时代，公共设施设计面对的将是知识经济和信息经济。在不断发展的知识和信息面前，设计师要善于利用网络系统等资源，将信息作高水准的综合，以减少因重复而造成的浪费。

还应当强调，在近年来人们的服务观念发生了巨大的变化，随着生活的日益个性化，感性化与人性化的成分在增长，人们所真正需要的用品是适合他们独特生活方式的用品，也说明使用者变得更加成熟也更为捉摸不定了。只用传统的调研方法很难挖掘出使用者潜藏的较深层的使用需求，所以就必须进行坦诚亲切的交谈。小组交谈是较好的方法，可以不受问卷的约束进行互相启发、交流和探讨，从而得到比较真实的信息。专题讨论会就是这样一种方法，但它要求调研人员有较高的素养，并且调查的费用也会提高。

（五）调查的目的

1. 探索性调查：当问题不明确时，在正式调查前为找出问题的症结、确定调查提纲及重点而进行的调查。

2. 描述性调查：对某一问题发展状况进行的调查，并能找出事物发展过程中的关联因素。

3. 因果关系调查：在描述性调查的基础上，进一步调查和分析公共设施发展过程中各个变量的相互关系，然后找出因果关系。

4. 预测性调查：对事物未来发展状况的调查，在加以分析之后能为公共设施设计预测提供依据。

（六）调查的步骤

1. 确定调研的目标

这是调研的准备阶段，应根据已有资料进行初步分析，拟定调查课题和调查提纲。在准备阶段也可能需要进行非正式调查，调查人员应根据初步分析找有关人员(管理、技术、生产、用户)座谈，听取他们对初步分析所提出的调查课题和提纲的意见，使拟定调查的问题能找准并突出重点，避免调查中的盲目性。

2. 实地调查

(1) 确定资料来源和调查对象。

（2）选择适当的调查技术和方法，确定询问项目和设计问卷。

（3）若为抽样调查，应合理确定设施的抽样类型、样本数目、个体对象，以便提高调查精度。

（4）组织调查人员，必要时可进行培训。

（5）制定调查的详细、具体计划。

3. 资料的整理、分析与研究

将调研收集到的资料进行分类整理，有的资料还要进行数理统计分析。误差理论表明：随机误差(即无规律、偶然出现的有正负、大小差异的可能)呈正态分布，并呈现出以下规律性：

（1）正误差与负误差出现数相等。

（2）小误差出现的数目占绝大多数。

（3）大误差出现较少。

以上因素是在整理、分析与研究的基础上总结出的，而随机误差的分布密度曲线为正态分布密度函数。

明确了问题的所在，就应了解构成问题的要素。一般方法是将问题进行分解，然后再按其范畴进行分类。问题是设计的对象，它包含着人、机、环境要素等，只有明白了这些不同的要素，才能使问题的构成更为明确，更便于解决。

三、公共设施设计的阶段性

（一）人机功能与环境的分析与定位

无论何种设计对象(公共设施)，都是由各种构成单元结合而成的。这些构成单元之间相互区别又相互联系，彼此制约地组成公共设施的结构系统。另一方面，公共设施的各构成要素都有其各自的功能，发挥着不同的作用，并相互联系、相互制约地实现设计对象的总体功能，从而形成公共设施的功能系统。结构系统与功能系统共存于设计对象这一共同体中，而且缺一不可，但它们的确有着本质的区别。结构系统是设计对象的硬件，反映了设计对象是由什么零部件构成和怎样构成的；功能系统是设计对象的软件，通过使用才能体现出来，而这正是设计对象最本质的东西，也是设计者和用户所最终追求的目标。

我们再分析一下公共设施造型设计与信息交流之间的关系。从认知心理学可知：人的心理活动是对各种信息的吸取、加工与交流。设计师将他从生活中获取的各种视觉的和非视觉的信息，在创造性的活动中通过形象思维进行编码(信息函纳)、形式综合(点、线、面、形体和色彩的构成)成为具有审美心理效应的作品，再经过一系列的技术过程，最终呈物化状态。在流通与使用过程中，物化状态的形象信息作为审美形式传递给观赏者(使用者)，由此构成了设计师与使用者之间的审美意识交流。格式塔心理学对视觉思维的作用是众所周知的，它认为"形"是一种具有高度组织水平的知觉整体，是知觉进行了积极组织或建构的结果。美感的体验来源于有组织的"形"对观赏者的刺激作用，也就是一种心理平衡。为了导致这种心理平衡的状态，在设计师与使用者之间应当存在着心理上互相沟通的基础，存在着对同一个形象信息有大体一致的意义概念和情感概念，即信息互通。这样能使使用者和设计师的创作意识同化并产生情感上的共鸣，设计师在美的创造中获得了美的享受，使用者通过使用参与了审美。尽管由于主体的千差万别造成了审美心理的个体差异(感应差)，但是他们都在获得物质满足的同时，也得到了不同程度的精神满足。

任何一个优秀的公共设施造型设计，都不是毫无根据地只是为了追求奇特的形状苦思冥想出来的。公共设施的造型都是根据实际需要设计的，因为功能才是第一位的。任何一个公共设施都没有长期统治市场的标准式样。这就要求不断地创新，设计出理想的造型。

以系统工程的观点来看设计对象，可以将其视为一个技术系统，其处理对象是能量、物料和信号三类，其功能就是将输入的能量、物料和信号进行有目的的转换或变化后输出，在输入输出过程中，随时间变化的能量、物料、信号就形成能量流、物料流和信号流。能量包括机械能、热能、电能、光能、核能、化学能、生物能等；物料可以是材料、毛坯、物件、气体、液体、颗粒、物体等；信号(信息载体的物理形式)体现为测量值、显示值、控制信号、通讯、数据、情报等。

（二）方案设计阶段

原理方案的拟定从质的方面决定了设计水平，并关系到公共设施性能、成本和竞争力。从自然科学原理及技术效应出发，通过优化筛选，找出最适宜于实现预定设计目标的原理方案，是一件复杂而又困难的事情。为此要运用创新思维方法并借鉴前人经验，采用一些普遍适用的原理方案构思方法。功能论设计方法就是一种较为有效的手段，其基点在于把复杂的设计通过功能关系抽象化和功能分解，使问题简单化，便于寻找能满足设计对象主要功能关系的技术原理。通过功能分析，认清设计对象的实质和层次，在此基础上通过创新构思、搜索探求、优化筛选取得较理想的功能原理方案，这是该阶段的主要任务。

（三）深入设计阶段

该阶段是将功能原理方案具体化为零部件及公共设施合理结构的过程。相对于方案设计阶段的创新要求，本阶段要更多反映设计规律的合理化要求。该阶段工作内容较广，工作量较大，需要有关专业的工程技术人员协作进行。有两个核心问题需要在这一阶段完成，其一是"定形"，即确定各零件的形态、结构并符合加工工艺性要求，其二是"方案"，即确定构成公共设施系统的元件(或组件)的数目及相互配置关系。这两个问题紧密相关，在解决时也是交错进行的。深入设计阶段进一步划分，大致包括四个方面：

1. 总体设计：解决总体布置、运动配置、人机关系等并作出预想图(效果图)。
2. 结构设计：设计结构、选择材料、确定尺寸等。

3. 商品化设计：从技术、经济、审美等各方面提升公共设施的市场适应力。可用价值工程方法降低成本、提高性能，并用造型设计方法对公共设施的形态、色彩、风格式样等加以研究，在保证功能、便于加工的前提下，充分创造美观、新颖、有亲和力的造型形象，提高公共设施的附加价值。

至此构思方案可能是一个也可能是若干个，设计师要进行比较、分析、优选，从多个方面进行筛选和调整，从而得出一个比较满意的方案来进行具体的设计程序。

四、绘制构思草图、效果图及设计创意说明

这一过程是展开进入设计的各个专业方面并将构思方案转换为具体的形象，它是以初步设计方案为基础的。这一工作主要包括基本功能设计、使用性设计、生产机能可行性设计，即功能、形态、色彩、质地、材料、加工、结构等方面。这时的公共设施形态要以尺寸为依据，对公共设施设计所要关注的方面都要给予重视，在设计基本定型以后，用较为正式的设计效果图来表现。设计效果图的表现可以是手绘，也可以用电脑绘制，主要是为了直观地表现设计效果。因为投资者毕竟没有经过专门训练，空间立体想像力并不强，直观的设计效果图便于投资者了解设计制成成品以后的效果，帮助投资者决定设计的结果。

（一）设计草图的概念及其在设计过程中的位置和作用

设计草图是设计师将自己的想法由抽象变为具象的一个十分重要的创造过程。它实现了抽象思考到图解思考的过渡，它是设计师对其设计的对象进行推敲理解的过程，也是在综合、展开、决定设计、综合结果阶段有效的设计手段。

草图不仅在工业设计领域，而且在建筑、机械设计、生产工艺等领域里也都是必需的技术。在设计草图的画面上会出现文字注示、尺寸标定、颜色的推敲、结构展示等，这种理解和推敲的过程是设计草图的主要功能。

优秀的设计师都有很强的图面表达能力和图解思考能力，构思会稍纵即逝，所以设计师必须具备快速和准确的速写能力。

1. 设计草图的种类

从草图在功能上可分为记录草图和思考类草图。

（1）记录草图

作为设计师收集资料和进行构思整理的草图。草图一般十分清楚详实，而且可以画一些局部的放大图，以记录一些比较特殊和复杂的结构或是形态。这类草图对拓宽设计师的思路和积累设计经验有着不可低估的作用。

（2）思考类草图

利用草图进行形象和结构的推敲，并将思考的过程表达出来，以便对设计师的构想进行再推敲和再构思。这类用途的草图被称为思考类草图。

这类草图更加偏重于思考过程，一个形态的过渡或一个的结构的确定都要经过一系列的构思和推敲，而这种推敲靠抽象的思维是不够的，要通过画面辅助思考。设计

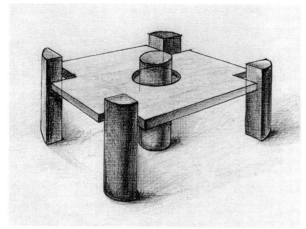
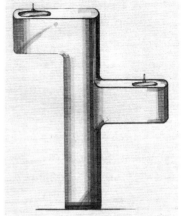

图 3-68　公共设施的设计草图　　　　　　　　图 3-69　公共设施的记录草图

草图也是设计者同设计伙伴和设计委托人之间交流信息的手段。设计草图的绘制无论在方法和尺度上都是多种多样的,同一画面里可以有透视图、平面图、剖面图、细部图、甚至结构图。构思草图的表达大都是片断式的,显得轻松而随意。

2. 设计过程中草图的表现方式

(1) 整体设计

从整体的角度检查轮廓、姿态及被强调的部分,要清楚地将你要表达的东西表达出来,因为建立雏形是非常重要的。

有些人在开始画草图时就直接画出细节部分,这样做是没有意义的,因为这个阶段的主旨不是要画出粗糙的简图来解释细部而是建立立体的形体。从远距离很难了解到细部的轮廓或是图样,只能从立体的形态和光线中辨识物体,含糊不明确的轮廓是很难辨识的。所以这一阶段应强调轮廓、整体姿态、亮度对比和被强调的部分。当考虑设计容易辨识的形体时,最好先画出简图,这样做不会花费很多的时间,但却是建立有区分性的草图很有效的方法。任何技巧和手法都可以使用,只要表现出明暗的关系。

(2) 立体与面的构成

这部分将表现样机立体的成份与面的构造,决定物体的特征线及图样,表现出质量感与动感。透视画法的草图是最适合达成这个目标的。可以适度的使用夸张的手法来明确表示出你的意图,用明暗度来表现大概的外观结构、特征线条、产品的对称性、量感及动感,使设计意图更明确。在这部分不必太在意细节,以明暗渐变的手法绘制,也可上色彩,应着重表现设计的立体结构和面的构造。

(3) 表现出物体的本质

这个距离就是展示距离或使用距离,这时物体的角度变化非常大,表面的精致线条与配色都能被察觉,质感也比较强烈,细部的处理容易被感受到。在这个距离,设计者应该使精心设计的元件展现出来从而产生最佳的整体效果。仔细地画出适当量感的物体,同时也考虑作不同的变化,注意基本细节的处理以表现出质感并选择最有利的角度作画。

审视开发构想由远到近的过程,设计者必须简略地确定物体的特征然后再着手细部规划。在每一个阶段及细部的规划中应该运用创造力达到理想的外观,最后再整合所有的设计。

(二)效果图

1. 效果图的类别

在设计范围基本确定以后,用较为正式的设计效果图来表现,目的是直观地表现设计结果。效果图是速度最快、表达程度近乎真实和完善的一种方法,被称为设计师的语言。根据大致类别和设计要求可分为方案效果图、展示性效果图和三视效果图。

(1)方案效果图

这一阶段是以启发和诱导设计、提供交流与研讨方案为目的。此时,设计方案尚未成熟,需要画较多的图来进行比较、选优、综合,也要准确地表现出构想产品的色彩关系。

(2)展示性效果图

这类效果图表现的设计已较为成熟、完善,作图的目的在于提供决策者审定和作为实施生产的依据,同时也可用于新产品的宣传、介绍和推广。这类图对表现技巧要求最高,对设计的内容要作较为全面、细致的表现。色彩方面不仅要对环境色、条件色做近一步表现,有时还需描绘出特定的环境以加强真实感和感染力。

计算机辅助设计系统正逐渐成为设计过程中不可缺少的角色。随着三维软件功能的不断强大,展示性效果图也由传统的手绘方式转变为电脑绘制。这些三维软件不仅给设计者提供了更灵活的设计空间,还提供了大量的材质、灯光等渲染系统,使设计者能充分发挥自己的想像力。

(3)三视效果图

这类效果图是直接利用三视图(或选择其中一两个视图)来制作的,优点是作图较为简便,不需另作透视图,对立面的视觉效果反映最直接,尺寸、比例没有任何透视误差与变形,缺点是表现面较窄,难以显示前几类效果图所表现的立体感和空间视觉形态。

2. 效果图表现的基础

(1)正确的透视能力

在观察一个三维体时,它是具有透视变化的,所以要想使你的效果图真实而准确,就必须正确地将这种透视关系表达出来。大部分产品都有较固定的使用状态,并和人的视线形成稳定关系,因此在表现产品时,应尽可能选用和实际使用状态类似的视平线位置,这样才能使表现出来的产品具有很强的真实感。

(2)视角的选择

准确而充分地表现一件产品,视角的选择是十分重要的。效果图是在二维平面上表现三维形态，这就决定了不可能将三维形态的各个面都表达出来，要有选择地进行表现，如主要功能面、产品的特征面等。

（3）色彩运用

随着塑料化工工业的发展，人们接触到的产品颜色数不胜数，对色彩的表现就显得很重要。任何色彩都具有三大特征：色相、明度、纯度。不同的色相、明度和纯度会使观者产生不同的心理变化，因此在画一张效果图前先要明确整个画面的基调。

（4）质感的表现

① 不透光而高强反光的材料：表面镀铬处理的金属、镜子等材料反光特性明显，有极强的反光区和高光点，而且受环境影响特别大，常有很强的光源色和环境色。

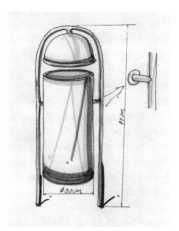

图 3-70　公共设施的结构草图

② 能透光而又反光的材料：玻璃、透明有机玻璃等通常光洁度高，受光面会有明亮的反光区，透射和反射并存。

③ 不透光而低反光的材料：橡胶、木材、砖石、织物等刻画的重点在材质本身的肌理等。

④ 不透光而中反光的材料：塑料、喷漆后的表面等，描绘时注意其反光程度的差别。塑料本身的色彩十分丰富，而且纯度很高，处理时应注意环境色和固有色的关系。

⑤ 光影的变化

光影的刻画也是效果图的重要组成部分。任何一个物体在受光条件下都会产生受光面、中间调子、明暗交界线、暗部、反光及阴影等区域，对明暗交界线的刻画是最重要的部分。

3．绘制效果图的用具和材料

（1）笔类：铅笔、签字笔、原子笔、彩色铅笔、马克笔、毛笔、底纹笔等。

（2）尺：直尺、界尺、曲线尺、圆模板、椭圆模板等。

（3）颜色：水粉、透明水色等。

（4）纸张：选用表面较细腻和吸水性能较好的纸张。

4．技法要领

马克笔色彩响亮而稳定，具有一定的透明性，但其

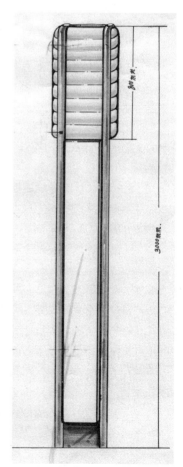

图 3-71　整体设计表现图

第三章　环境设施设计的要素及工作计划

挥发性和渗透力极强，因此不宜用吸水性过强的纸作画，应选用纸质结实、表面光洁的纸张。马克笔色彩渗透力强，易在纸上浸晕形成不必要的色团，因此着色时运笔要快速果断。油性记号笔色彩附着力强，难以清洗和修改，所以着色前应考虑成熟。一般着色顺序宜由浅到深，便于控制色调层次。同种色彩如重复涂施可降低明度和丰富色彩层次，但需注意不宜重复次数过多，以免色彩失去鲜明度及发生浸晕现象。

(1) 在马克笔色底上涂施色粉，可进一步丰富其表现力，如加强反光效果、色调的退景变化和虚实变化等，使画面层次丰富、色调细腻，但这一步骤应在马克笔处理完成后进行。

(2) 由于色粉属粉质材料且有较强的覆盖能力，在同一处不宜反复擦涂，否则画面会显得沉重而死板。投影和背景尽量不要使用色粉，色粉会破坏其透明性。单独使用黑色色粉会显得很脏，与其他颜色混合效果会很好。

5. 绘制外形设计图、设计制图、编写报告

设计制图包括外形尺寸图、零件详图以及组合图等，这些图的制作必须严格遵照国家标准的制图规范进行。一般较为简单的设计制图，只需按正投影法绘制出公共设施的三视图即可。设计制图为下面的工程结构设计提供了依据，也是对外观造型的控制，所有进一步的设计都必须以此为依据，不能随意更改。

公共设施设计报告书是以文字、图表、照片、表现图及模型照片等构成的设计过程综合性报告，是交由企业高层管理者最后决策的重要文件。设计报告的制作既要全面，又要精练，不可拖泥带水。为了给决策者一目了然和良好感觉，设计报告的编制排版也要进行专门设计。设计报告的形式可视具体情况而定，一般可按下列步骤进行。

(1) 封面：封面要标明设计标题、设计委托方全名、设计单位全名、时间、地点。如果该公共设施已有标志，封面还可以作一些专门的装潢设计。

(2) 目录：目录排列要一目了然，并标明页码。

(3) 设计计划进度表：表格设计要易读，可以用色彩来标明不同时间段里的不同工作。

(4) 设计调查：主要包括对市场现有公共设施、国内外同类公共设施以及销售与需求的调查。常采用文字、照片、图表相结合来表现。

(5) 分析研究：对以上市场调查进行市场分析、材料分析、使用功能分析、结构分析、操作分析等，从而提出设计概念，确定该公共设施的市场定位。

(6) 设计构思：以文字、草图、草模的形式来进行，并能反映出设计深层次的内涵。

(7) 设计展开：主要以图示与文字说明的形式来表现，其中包括：分析与决定设计条件、展开设计构思、设计效果图、人体工程学研究、色彩计划、模型制作等。

(8) 方案确定：主要包括按制图规范绘制的详细结构图、外形图、部件图、精致模型以及使用说明等内容。

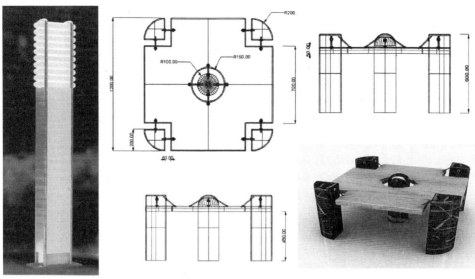

图 3-72 计算机辅助设计图　　图 3-73 公共设施设计的三视图、效果图

(9) 综合评价：放置一幅精致模型（样机）的照片，并以最简洁、最明了、最鼓动人心的词语表明该设计方案的全部优点及最突出点。

(10) 施工设计阶段：该阶段要进行零件工作图、部件装配图、完成全部生产图纸并编制设计说明书、工艺文件、使用说明书等有关技术文件及设计的过程。若有需要时还应做出市场的开发设计。

设计报告书在有些情况下（比如竞标）要做成设计展示版面，版面要经过专门设计，并以最佳方式展示设计成果。

图 3-74 公共设施设计的效果图

五、完成模型制作及实际评估

（一）深入设计　模型制作

模型或样机试验：除外观模型外有时还需制作功能模型或样机，以供对公共设施有关技术性能的测试分析并及时修正设计。模型是三维过程展开、决定设计、综合结果、研究评价等阶段的有效设计技术。模型与草图一样由设计者提供，起着设计者和第三者共同研究的桥梁作用。模型是设计对象形象化的表现。

无论是手绘还是计算机绘制的效果图，由于是用二维来反映三维立体内容，因此都不能全面反映出产品的真实面貌。在现实中，由于人们从平面到立体之间的错觉造成平面图形与立体实物之间存在差别，这就需要通过模型来真实地表达设计意图。

模型一般用于构思方案的早期阶段，其主要功能是推敲产品的形态关系、大体比例、尺度及基本的造型结构。模型一般不要求细部，制作模型的材料尽可能采用容易加工的材料，如纸制品、油泥、PU(发泡氨基甲酸乙酯)、质地较松易加工的木材等。

如今3D模拟设计应用很广泛，但是这种边动手边构想的设计手段仍是非常重要的。这种设计手段和过程对于摆脱固有概念极具效果。

在这一阶段公共设施的基本样式已经确定，主要是进行细节的调整，同时要进行技术可行性设计研究。方案通过初期审查后，对该方案要确定基本结构和主要技术参数，为以后进行的技术设计提供依据，这一工作是由环境设施设计师来进行的。为了检验设计成功与否，设计师还要制作一个仿真模型。一般情况下，只要做一个"造型模型"就可以了，但为了更好地推敲技术实施的可行性，最好似一个"工作模型"，就是凡能动或打开的部分都做出来。设计师在进行设计时要充分考虑到公共设施的立体效果，效果图虽是画的立体透视图，但这毕竟是在平面上的推敲，模型则是将公共设施真实地再现出来，任何细节都含糊不得，所有在平面上发现不了的问题都能在模型中反映出来。模型本身就是设计的一个环节，是推敲设计的一种方法，通过模型制作，对先前的设计图纸是一个检验。模型完成以后，设计图纸要进行调整，模型为最后的设计定型图纸提供了依据。模型既可为以后的模具设计提供参考，又可为前期市场宣传提供实物形象。因为仿真模型拍成照片以后可以以假乱真，这为探求市场情况提供一个视觉研究物，对下一步设计的深入和经费的投入提供一个验证物。

（二）设计展示　综合评估

对设计的综合评价方式有两大原则：一是该设计对使用者、特定的使用人群及社会有何意义。二是该设计对企业在市场上的使用有何意义。这两个原则，设计师一定要把握好。

1．对设计构想进行评估

（1）新构想是否具有独创性？

（2）新构想具有多少价值？

（3）新构想的实施时间、资金、设备的条件及生产方式是否可行？

（4）新构想是否适合企业在计划时间内的作业方法与推广？

（5）新构想是否在进一步树立社会环境的美好形象？

2．对公共设施本身进行评价

（1）技术性能指标的评价

（2）经济性指标的评价

（3）美学价值指标的评价

（4）市场、社会需求等方面指标的评价

为了使设计综合评价一目了然，可对上述评价项目的结果用图表示意，以供设计决策。评估主要是为了预测，是人们利用知识、经验根据过去和现在的情况，对事物的未来或未知状况预先作出推论或判断。所以科学的预测是在调查的基础上，运用科学方法，对调查资料进行分析、研究，寻找事物的发展规律，并以此规律推断未来的过程。预测的五个要素是：预测者经验或知识（预测依据）、手段（预测方法）、事物的未来或未知状况（预测对象）、预先的推论或判断（预测结果）。

(三) 预测的类型

按预测范围可分为宏观预测和微观预测。前者指总体情况预测，如国际市场的预测等。后者如企业目标市场的需求情况预测等。

按预测期长短可分为5年以上的长期预测，1~5年的中期预测，以及一年以内的短期预测。

按预测方法可分为定性预测（以经验分析调查资料）和定量预测（用数学和统计方法推算数据资料（作出估计）。

按预测的功能可分为规范型预测（以国家和社会的需要为前提，分析和预测目标实现的可能性、条件和途径等）和探索型预测（以事物的过去到现在的发展趋势推断未来）。

预测学的研究范围十分广泛，它涉及自然科学、技术科学、社会科学、应用科学等各个领域。主要包括以下几方面：

1. 社会预测：研究有关社会发展模式、科学技术对社会发

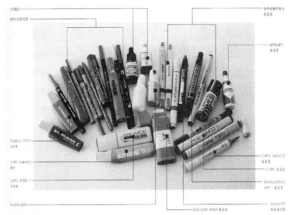

图 3-75 绘画工具（一）

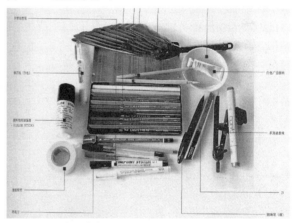

图 3-76 绘画工具（二）

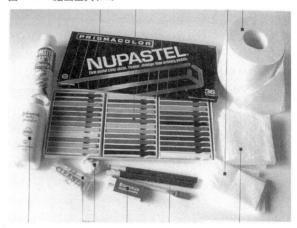

图 3-77 绘画工具（三）

展的影响与人口、环境、社会机构的职能和管理的改革等。

2. 科学预测：研究有关现代科学各领域的联系，发展科学事业的组织管理、控制与监督，科学研究的规则，缩短理论研究到开发研究和制成成品的进程，使科学研究取得更大效益等。

3. 技术预测：主要研究技术发明和应用有关的一系列问题，现代技术和协调人与自然界的关系、产业结构的变化、技术革命对社会的广泛影响等。

4. 社会经济预测：主要研究经济增长的模式，社会需求和资源的预测，经济规划和经济管理等。是为国家或公共管理部门的经济计划或决策服务，以获取最大的经济效益。

市场需求既是设计的出发点，又是设计的归宿。对设计的评估在一定意义上是看社会和使用者的反映，他们的反映在很大程度上代表了设计对人类社会产生效益的大小。

市场预测是经济预测的一部分，它的主要内容包括潜在市场需求的预测、使用率的预测、市场占有率预测、使用者行为预测、企业投资效果预测、公共设施生命周期预测、有关科技前景及新公共设施开发预测等。

第四章 公共设施与环境设计的分类

城市公共设施设计中的信息传递，是指设计者在其设计过程中重视现代环境设计的信息因素，了解信息发送、传递与接收的客观规律及其在环境设施中作用的一种活动。在公共设施的设计中加强信息成分，以寻找有效的途径使城市中的各类信息迅速正确地传播。

当赋予公共环境系统中的信息设施以形态、色彩、肌理、空间、材料、灯光等形式时，信息设施就不仅仅是物的展现。在物的背后更包含有历史、精神、情感等意义上的审美与文化的信息，同时体现环境与人的社会生活的关联，显示城市的形象特色和科技发展水平。设计师以独特的语言表达其创意和审美观念，通过其设计作品及作品所处的时空环境表现出来，与观看者、使用者共同形成相互交流的信息场。其中包括：公共信息与传播设施、公共卫生设施系统、娱乐服务设施系统、公共照明设施系统、公共交通设施系统、无障碍公共设施系统等。

第一节 公共信息传播设施

一、公共信息系统设施设计的概念

信息时代的来临使我们处于大量视觉信息的包围之中，以高科技为基础的先进通信技术，包括激光、传真、光导体纤维通信、全球互联网等，使信息的传递缩短了空间的距离，也使国内外的交流更为密切、频繁。信息设施的设计是一门特殊的艺术设计，内涵丰富、作用大、涉及的范围广，包括受众心理、空间感受、地域文化、城市识别等相关因素，其目的是加速信息的传播与互动。如理发店门边筒灯的红、白、蓝三色旋转条纹，已经成为约定俗成的形象，成为国际性的理发店标志，它间接地道出了信息设施与功能的关系。如城市各区域的导向设施，体现了一个城市的文明程度及对人的关爱。尤其是在空间组合复杂，规模庞大的地域，信息设施独特的色彩、造型能帮助人们在特定的空间中识别环境，明确自己所处的位置。另外，具有识别性的地标式的信息设施往往取材于得到共识的历史事件、历史人物等典型性的造型形象，或为追求内在意境与外在形式统一而提取的某些符号，通过组合变化使它们成为公众认可的信息并予以接受，信息设施便达到传播的目的。反之，当表达信息设施的语言变得晦涩、乏味时，信息设施便失去其存在的意义，更谈不上信息传播的效应了。

在某种意义上，城市公共环境系统中的信息传播就是符号的传播。符号已成为信息社会的一种标志，在文化交流与信息传播中越来越显示其重要性。在历史的长河中，符号被不断延续与发展，不断丰富与整合，并体现在公共设施的信息内涵上。人的视觉或经验常常选择性地对某个地区的人文社会的动态发展留下深刻印象。一个地区的历史、文化、宗教、民俗等也可通过城市景观及环境中的设施展现其独特魅力。人类从早期的安全需求到后来的文化需求，促使了城市的形成。城市在历史的发展中将各种社会因素积淀形成文化，满足人们对知识、宗教、资讯的追求与渴望，并逐渐演变为人们记忆及可看可触摸的符号。这是人类在社会历史发展中创造的物质财富与精神财富的综合，也是城市物质、精神文明的物化体现。

公共设施的形状、色彩、质感、位置、特征等应简洁、明了，让使用者一看就明白它的功能及操作方式，以便于人们使用。同时，公共设施还要对环境起视觉美化作用，能够给人以想像与思考。在我们的生存环境中交织着各种各样具体事物组成的提示，而人们无时无刻不在寻觅着这些提示，寻觅着各种信息以便采取行动。对信息符号的运用，应包括3个步骤：首先，让使用者发现信息符号；其次，能够理解它的涵义；最后，乐意按此信息符号的提示去行动。对于后两个步骤，尤其是第三个步骤，设计师是无能为力的，但对于第一个步骤，即提供一个明确而引人注目的信息，则是设计工作的基点。如果公共标识与导向不能被人觉察，就谈不上后两个步骤了，如果公共环境中的信息传播方式与使用者的行为偏好相一致，那么随之发生的行为便很自然了。从信息传播入手无疑是解决城市环境特色设计的有效途径之一。

二、公共信息系统设施的设计特征

对城市环境公共信息系统设施而言，信息的传递就是人与环境、人与设施、设施与环境之间相互作用、相互对话的过程。环境的物质构成是信息传播的载体，在人与环境的交流中起着重要的媒介作用。公共信息系统设施为人提供的物质和精神的信息含义是多方面、多层次的。当公共设施传达的信息与它的形象、实质产生的效应相吻合时，便会被人接受并得到认可，共同完成信息的传递，实现信息的价值。公共信息系统设施的设计特征主要体现在四个方面：

1. 开放性

公共设施是一个开放的、公开的、由公众参与和认同的公共空间。它提供人们室外活动及公共社交的场所，是人们休息与交流的区域，并具有疏解城市居民因高密度的居住环境而造成压抑感的功能，满足人们最基本的空间需求。在人流不息、车水马龙、视野闭塞的公共场所设置各类信息设施，可以使人的活动范围不断扩大。设施的设计必须与时代同步，具备形式上的开放性。无论在整体规划上还是设施的细部设计上都需提供明确的信息，具备视域的开放效果。

2. 大众化

文化影响环境，环境反过来又影响文化，人的心理在文化、环境的双重作用下，常表现出各种不同的心理活动与行为方式。城市公共环境中的信息系统设施必须面向大众，适合各年龄层次、多文化层面对象的需求，体现对使用者最大程度的接纳性。在造型、色彩、体量、材料的运用中体现设计的亲和性、公众的参与性，以满足人们生理与心理上的各种需求。

3. 个性化

公共环境空间是复杂多变的，由于信息系统设施形态、功能的不同，环境中使用者的职业、性格、地域、文化层次、宗教等各方面的差异，就需要有不同风格的信息系统设施与之相匹配，以呈现多元化的格局。有个性的信息系统设施可以成为小环境中人们情绪与情感的调节器。当设施以独特的语言、充满人情味的形态，满足人们对健康生活的追求时，便会给人以独特的愉悦与美的享受。

4. 综合性

公共设施中的信息系统设施为人们在室外逗留提供了更多的条件与机会，小环境更是人们综合活动的场所。信息系统设施的设计要综合考虑使用功能、地域、人文特色、生态环保、科技等因素，并与周

图4-1　公共环境设施的信息系统设计

边环境相协调，以设计的综合性体现常新的感觉并使人们愿意在该环境中逗留与嬉戏。同时，设计要因地制宜、留有余地，为管理及日后的维修更新提供方便。快节奏的现代社会，信息科学已日益发挥它的作用，综合性的信息设施使环境设计的意识、观念、方法变得越来越多样有效。如城市环境中的各类电子显示屏、候车环境中的信息识别系统都倍受重视，因为它们可以让人们在尽可能短的时间内接受有关环境的信息，牢记环境的特征。

三、公共设施系统设计的综合处理

综合处理是将环境中的公共设施作为点、线、面的构成要素，创造组合的系统空间形体。对某一公共设施本身的有机处理，如果设施较复杂，就需以某一要素作为重点加以强调，其他要素只是予以衬托；对多个不同的公共设施组合在一起的情况，就须将造型元素按照对比统一的形式美原则进行群化处理，有机结合为复合的形体，同时注意对形式语言的把握，使它们从不同角度和距离观察时都会成为完整系列的立体造型，以多样的功能迎合人们的室外活动。不同场所有不同的组合方式和组合对象，如城市环境中的候车亭，在人流量大的情况下，就会产生候车亭与休息椅、垃圾箱、广告牌等公共设施在特定场所中的组合处理。另外，群化处理中要注意主从的对比、比例关系的和谐等，组合关系应注意均衡、近似、重复、延续、互补等的处理，目的是创造有机的环境秩序。

当今人们越来越清楚地认识到我们生活在一个人造的物质环境中，而这个人造的物质环境是有形有体的形象世界。一个良好的生活或工作环境，其首要的条件便是在各类物质要素之间产生一定的关系，呈现"形体环境"的有机秩序，这将是文明社会的必然趋势。

四、公共信息系统设施的设计内容

信息系统设施在现代城市公共环境中的作用越来越大，它为人们提供生活上的各种便捷，加速信息的传递。信息系统设施包括的范围广、内容多，包括公共环境的信息系统设施、半公共环境的信息系统设施、商业及交通环境的信息系统设施等，具体

体现在：标识、商店招牌、商业广告与告示、导向牌、公用电话、邮箱、时钟、地标等。

无秩序、杂乱的设施设置，将会影响城市环境的质量，妨碍信息的有效传递。作为信息系统，不仅可以以单体功能的信息设施出现，也可以以系列的信息设施群体形式出现，这将更大地发挥信息的社会作用。

1. 公共场所的标识、告示及导向设计

随着城市的急速扩大，人们生活环境的日趋复杂以及人们行为的多样化，未知空间和周围环境的信息量不断增加，同时也带来了人们对城市空间和环境认知的混乱。标识系统的设计将成为人与空间、人与环境沟通的重要媒介，将是引导人们在陌生空间中迅速有效地抵达目的地的重要设施。它包括街道上为步行者提供文字、图形、音响等的设施，如各种看板、广告牌、招牌、导游图等，还包括为车辆指引方向的各种信息标识等。这些标识、告示及导向不仅能发挥其本身的功能，还增添了城市的繁荣，其表现形式较多，主要是二维与三维的结合设计。任何城市都是在不断发展的，旧的城市景观的消失，并不意味着城市个性的泯灭，标识、告示及导向的设计会趋向均一化，设计师需根据不同城市的地域环境气氛统一规划，使其功能上体系化的同时，以富有创意的形态创造良好的视觉序列，达到信息传递的效果。成功的标识、告示及导向的设计，应满足以下设计要求：

1）提供有序化的信息，使人们能够理解城市的环境构造，提高人们对城市的辨识性；

2）以创造性的构思，构筑地域性的标识，提高环境的整体质量；

3）以造型、色彩、结构等特征引起人们关注，并提高人们理解信息与采取行动的能力。

(1) 标识、告示及导向的类别与作用

标识、告示及导向可按如下几个区域角度划分：

1）居住性：以住宅及社区生活为主的告示；

2）城市性：以城市的说明为主的告示牌；

3）地标性：以高楼、纪念碑、雕塑等景观为主进行指示说明的告示牌；

4）交通性：以大众交通运输、方向定位等说明为主的告示牌；

5）商业活动：以商业活动说明为主的告示牌等。

(2) 标识、告示及导向的作用：

1）娱乐性：以介绍娱乐场所的娱乐活动及其设施保养与管理为主；

2）导向性：显示空间构成元素的信息，如地图、配置图、导向牌等；

3）引导性：利用引导图和路线图等传达特定的地域信息，或利用线条、方向诱导标志等指示场所、建筑物的方向；

4）识别性：按照文字和图形，表示特定地点的信息，如地名牌、地名代号和门牌号等；

5）规则性：进行安全、管理、使用上的指导，提醒人们注意、限制车速、禁止入内等标识；

图 4-2 公共信息系统的标识设计　　　　图 4-3 公共信息系统的广告牌设计

6）解说性：内容的介绍，为使用者提供方便，如布告栏、留言牌、广告等。

2．标识、告示及导向的表现形式

(1) 文字式：文字是最规范的记号体系之一，但当信息量大的时候，文字难以获得瞬间的视觉认识，难以达到迅速传递信息的目的。

(2) 符号式：能瞬间理解信息含义，尤其在国际交流的情况下，各国不同语言的人们聚集在一起，如果采用国际社会通用的符号标识，便能迅速让人理解，更好的传达信息。

(3) 图示式：为了达到引导作用以简略化形式表示信息，或运用其他通俗、大众化的表现手法予以丰富，如用照片、平面图、地图所构成的引导牌，其表现形式即为图示式。

(4) 立体式：以立体物作为环境的标识、告示或导向，有利于人们视觉的认知并能产生强烈印象。如利用现有的建筑物作为指引的参考，以造型、色彩、材料等依附于其他设计物上的视觉形式，共同组成独具特色的标识、告示或导向。还有利用地景的辅助、灯光的投射等方式创造立体式的表现形式。

(5) 媒体表现：使用电视屏幕等先进的科学技术设备传递信息，在内容信息复杂、信息量大的情况下具有效率高、速度快的特点。随着科技的发展，将开发设计出适应不同场合的影视装置。标识、告示及导向指引人们的行动路线，规范人们的行为，同时构筑城市的环境。但由于接收信息的对象不同，其行为也会有多样性，这是设计时要考虑的要素之一。如日常人们观看的标识、告示及导向，以行走或立足停留时的视线为基准，而行色匆匆的上班族与观光者行动的视线就有所不同，对于标识、告示及导向就不能按日常标准来设计。骑自行车者既要观看标识又要注意行车安全，设计时就更要注意标识、告示与导向放置的位置与信息的显示特点。汽车驾驶员对道路信息的需求最为迫切，尤其在高速公路上行驶时，更需要及时、易读易懂的各种道路指示信息。残疾人需要有专为他们设置的标识信息。这些具体化的"点"便成为标识、告示及导向设计的关键，信息是在流动的，设计时须体现与使用者的密切关联。不同的场合传达不同的信息，就是同一场合由于条件的差异，不同的信息的排列、位置、形态等也会给人们带来主次不同的视觉感受。

3. 标识、告示及导向的设计原则

标识、告示及导向需简洁明确并具较强的解读性，尽可能采用国际、国内通用的符号传达信息，使不同国籍、不同语言的人均可识别。国际上早在1947年便通过了对国际交通标志的制定与普及的提案，并在全世界推广，尤其在欧洲各国得以广泛使用。但是由于语言、文化、思维等的不同，各国和各国际团体对同一意义的标识、告示及导向在设计上仍会采用不同的图形，如强调地域性特征、采用地方性的不同材料等形成的独特图形，尤其是城市引导性标识、观光标识等，更需要有这方面的潜在内容，在塑造地区形象的同时吸引人的关注。

标识、告示及导向的设计必须服从城市整体规划，根据设置的目的、内容和方法进行分类设，每类按其复杂的程度进行再分类。如城市交通类可分为各种交通标识，包括车辆行驶方向的标识，所经地点的标识，出租车和公共汽车车站的标识，禁止通行的标识及慢速行驶的标识等。分门别类的设计将有助于标识的有序及管理。

标识、告示及导向的设置位置应无碍于车辆、行人的往来通行，结构要坚固耐用，尤其行人过往频繁处更要注意安全，并方便日后的管理。要注意标识、告示及导向的形态、色彩与大小的比例关系，根据摆设的位置具体化地研究其与周边环境的关系，注意主题色与背景色的互相映衬并突出其功能。

标识、告示及导向由于其分布面广、形象生动、色彩鲜艳，常成为城市环境的一部分，它们的设置应与构成环境的多种要素（建筑物、绿化、环境设施等）一起考虑、统一规划、合理分布。根据地区的环境特点，标识、告示及导向的设置应以点、线为起点，然后形成网状的配置，使它们的设置构造化。这种构造化，反映的不仅是标识、告示及导向，也包括建筑物、环境设施等作为广义背景的整个环境，这有利于人们对区域环境的整体识别及对职能部门的整体管理。标识、告示及导向应安置在有利于行人停留、驻足观看的地点，如各种场所的出入口、道路交叉口与分支点及需说明的场所等，要有真人的尺度及宜观看的方位，无论在尺寸、形状、色彩上都应尽可能与所处的环境相协调，并与所在位置的重要性相一致。标识、告示及导向一般有支柱型与地面型两种，重要的标识、告示及导向向尽可能利用光、声等综合手段强化其信息的指示作用。

4. 由城市环境发展决定公共设施设计

城市环境固有的属性和发展方向也是标识设计的着眼点，标识要与之相符才能更完整、更准确地表达城市内涵。我们提到的企业识别系统，就是建立在对企业性质和文化的反复认识与论证的基础上的形象表达。不考虑城市或企业性质和定位而作出的标识方案不但不会被企业采用，也难以为社会所接受。1997年香港回归祖国时，全国范围征集香港特别行政区的标识，很多设计机构不约而同地采用香港市民喜爱的紫荆花作为标识基本形态，后经香港设计机构修改定为简洁对称的紫荆花正面形态，中心部分呈放射状指向五个花瓣，每个花蕊上各有一五角星，标识简洁又有深远的意味，符

图4-4 公共设施的广告牌设计　　图4-5 公共设施的导示牌设计　　图4-6 公共设施的标识设计

合香港这一充满活力又有国际背景的城市形象和地位。由此可见,标识设计与城市发展定位的关系密不可分。

又如一些知名企业和品牌为了跻身国际市场,主动放弃原有的、具有地方色彩和文化倾向的名称和标识,采用与国际接轨的英语拼读方式识别的标识。这方面做得比较彻底的是日本,如日本的SONY、TOYOTA等。

5. 由使用者的认同程度带动设计

作为城市、社区、企业、公用设施的标识设计,并非由某名师或某设计机构一挥而就即可大功告成,使用者的认同程度很重要。如果所设计的标识不被大众接受或大众在情感、心理上对其抵触和排斥,那么标识的价值和意义也就显得苍白无力。说明公用设施和装置一定要被使用者接受才有价值。

可口可乐公司恢复原有的商标,改造中可口可乐公司报道最早标识中的"欢乐"主题——飞动的飘带,这一传统元素性的符号能使大众认同。这个实例说明公用性或公众性越强的标识,更要考虑使用者的认同程度。

6. 以视觉效果及设施制作工艺进行设计

无论是城市标识、企业标识还是导向标识,也无论它们是指意性的、表征性的、指示性的还是形象性的,在设计和使用中均要考虑形式上的美学效应,以及在不同地点、不同环境、不同介质、不同色彩配置和制作工艺上的灵活性、可能性,更应关心它在特定场合与环境中的比例、尺度、空间因素和视觉效应,还要综合考虑它在众多的传媒介质中彼此之间的相互关系以及相互干扰与影响。其中,尺度的把握很重要,没有良好的视觉效果和易见度,或构成视觉干扰和信息垃圾,就会适得其反被指为视觉污染。

另外,材料和加工是标识得以实现的基本媒介和手段,是形式美感和技术美感以及材质表现的关键所在,所以标识系统的工艺和材质及制作手段的适宜性与可塑性也直接影响到其设计、制作、安装、使用和最终的视觉效果。

7. 国际规范的标识系统设计

当今的国际社会不同文化背景下的交流、交往中,语言和习惯上的差异成为明显的障碍使人们难以进行"达意"上的沟通。有些民族之间的语言、手势在含意上是截然相反的,如在中国表达"过来"的招手势,在阿拉伯地区是"走开"的意思。因此,仅用文字、语言或手势等来表达,在多语种文字和传统习惯的环境中有许多不便。最能统一人们共识的符号莫过于图形标识,所以在高度发达的信息时代,标准化的标识系统变得越来越重要。20世纪40年代以来,以城市道路公路为载体的交通标识逐渐发展起来,为适应交通的发展,由国家、城市之间的规范逐渐演变成国际之间的规范。这些规范进入20世纪70年代后又溶入了高速公路标识系统规范,成为全球范围内最具国际化、最易识别和认同的标识系统。不仅交通导向标识系统在走国际化的道路,随着国际间经济文化交流的需要,城市公用设施标识也在20世纪六、七十年代产生了国际化的趋势。伴随着商业活动,许多有长远眼光的商家和企业为强化企业形象,提高企业知名度并增加企业和商品的市场占有率及竞争力,也开始扭转原来的民族企业形象而逐步地走向国际化。20世纪五、六十年代由美国率先导入,后普及到世界范围的企业形象识别系统和推广战略就是印证。这样一来,企业和商品的内质也可以用图形来展现,以便让更多的公众能了解。其核心是理念形象化、图形化和符号化,形式是达到统一性、易识别和国际化,而最典型的例子就是公用设施标识系统和交通导向标识系统,它们在指意方面言简意赅、直截了当。

(一) 广告牌与广告塔的设计

室外广告是城市景观中一道亮丽的风景线,以其色彩、造型、内容、灯光效果点缀环境,为城市增添生机,有着不容忽视的潜在价值。尤其在夜晚,巨大的广告牌在静态或动态的灯光效果下,向人们传播着各种信息。慎重地设计与布局的位置就显得特别重要,不恰当的设计与布局常会给城市带来杂乱感并造成视觉的污染。国内城市环境中的广告设施主要采用广告牌与广告栏的形式,由于大多属平面形态并采用统一的材料制作,也就出现了千篇一律的状况,让人感觉一般化。国外的一些广告牌和广告栏直接装饰于建筑物上,或规规矩矩或离奇怪诞,但却能产生令人愉悦的色彩及形式上的装饰效果,这也是国内广告牌、广告栏设计值得学习和借鉴。国外还有以广告塔的形式出现的室外广告,力求与环境、建筑协调,造型上流露出不同的地域特色,其主要的作用便是收纳原本四下张贴的散乱广告,经过规划陈列后有效地传递各种信息。

广告本身的视觉效果能够反映当地的物质文明程度与商业文化的艺术水平,从而为人们所接受。广告牌与广告栏作为现代城市环境中不可缺少的设施,它们的设计直接影响公共环境的质量。环境中的广告牌与广告栏的设计应与环境系统其他设施如路灯、候车亭、公共座椅等统一设计,以便使空间中零星的环境设施聚集起来成为新的视觉焦点,既增添城市的丰富感,又使信息更加顺畅地流通。对于商业步行街的广告设置应根据其特点予以统一规范,对广告牌的尺寸、色彩、设置位置等进行严格的

图4-7 公共设施的广告设计　　图4-8 城市街道的广告牌设计　　图4-9 公共环境中的标识牌设计

规定与控制，使众多信息在繁华的城市环境中形成一定的秩序，营造浓郁而不纷乱的商业氛围。广告栏的尺寸、数量、形态等也应根据不同区域予以不同的设计。

（二）公共电话亭设施的设计

公共电话亭是现代城市公共场所中最常见的设施之一。电话亭的整体造型、外观、色彩、质感、内饰布置、电话放置的位置、通话质量的优劣、私密保护的程度等，每一环节都牵动着人们的注意，也反映了它在公共环境中传递信息的重要地位。尤其是现代社会，人们对获取信息、运用信息、交流信息的需要越来越迫切，电话已成为生活中不可缺少的一种工具，造型独特的公共电话亭不仅能为城市带来方便和快捷更能够带来美观。

在城市步行街喧闹的环境中，相邻电话亭的距离一般为100～200m，并尽可能设置于相对安静的地方。由于它造型、色彩的可塑性，已经成为美化环境的重要手段，常以其简洁、小巧、通透的设计而引人注目。公共电话亭的形态主要有两大类：封闭式与半封闭式。

1. 封闭式电话亭

封闭式电话亭是指四周和上下都完全与外界分隔的电话亭，它具有以下优点：

（1）隔音效果好，通话时不受外界噪声的干扰；

（2）防风防雨雪，使用时只要关闭门即可遮风挡雨保护使用者。尤其在西欧、北欧等地冬天寒冷、多雪，封闭式电话亭较受欢迎，在街景中呈微型建筑的形态；

（3）私密性好，每个电话亭就是一个独立的小天地，通话时不必担心被外人窃听。

随着科技的发展，封闭式电话亭表现出多姿多彩的面貌，有的设计精巧、色彩明快亮丽、简洁而富有现代感，有的则强调地域特色，力求在视觉创意上尽量发挥。材料的选择一般采用玻璃与铝合金或钢的结合。其尺寸一般高度为2.04～2.4m，面积0.8m×0.8m～1.4m×1.4m，残疾人使用的电话亭面积略大。

在设计封闭式电话亭时要注意以下几点：
(1) 使用透明的材料，如玻璃门等；
(2) 亭内不设门搭扣；
(3) 门必须朝外开启；
(4) 要有通风及照明装置。

2．半封闭式电话亭

半封闭式电话亭是指没有门又不能遮蔽使用者全身的电话亭。这类电话亭一般有顶棚顶盖以防风遮雨，左右有遮拦板以划分界限并加强空间的私密性。由于顶面遮篷小防护功能较弱，故适宜安置在面积狭小的空间。电话装置的方式有站立式的、放于台面的及依附于墙面的等。半封闭式电话亭具有以下优点：

(1) 容易安装，不受位置的局限；
(2) 方便保养、维修；
(3) 节省材料、造价低廉，由于没有门节约材料和安装工艺等费用；
(4) 适宜安装在公共环境的室内、室外、墙上或通道边上，也可以在广场等开阔地域以柱式支撑安装。

无论是在室外还是室内的公共场所，半封闭式电话亭的设计都应与环境相结合。在旅游场所等室外公共场所，其设计应为美化环境起点缀作用；在候机厅、办公大楼或购物中心等现代室内公共场所，半封闭式电话亭更应注重其设计效果。由于体积较小、自由度强，半封闭式电话亭的外形设计须精致小巧、功能齐全、体现个性。其尺寸一般为高2m，进深0.7～1m。有的半封闭式电话亭考虑到残疾人使用的方便，电话机放置的位置较低，距地面约50cm，即使正常人使用也无大碍。半封闭式电话亭一般采用铝、钢框架嵌钢化玻璃、有机玻璃等材料制作。

在设计半封闭式电话亭时要注意以下两点：
(1) 单体柱式的半封闭式电话亭不宜太高，以免使人感觉压抑；
(2) 设置一个台面，以方便摆放黄页等，同时方便使用者抄写和记录。

3．与其他设施的协调使用

随着电信业的发展，电话的使用已越来越普及。为了大众使用的便捷，很多公共电话与售货亭或其他各类服务设施组合在一起，以多元化方式出现。电话或放置于柜台上，或挂在墙面上等，这需与其他设施一起考虑放置的位置以及整体的色彩，以创造协调的设施组合。无论是封闭式或是半封闭式电话亭的设计，都应考虑其单体设置时的造型形态，同时注意几个单体连接后的整体形象。尤其对顶部或底部有凸出部位的电话亭在设计中应特别注意，以免各式单体在并联时产生一些死角，不易打扫与清洁。

4．文化内涵的设计

公共电话亭的设计无论是封闭式的还是半封闭式的，世界各地的设计风格各不相同。有的国家统一铸造，以同一形式方便识别，如英国1936年设计的封闭式电话亭就

图 4-10　广告标识牌的空间透视设计　图 4-11　公共电话亭的封闭式设计

是典型的例子,在英国只要这形象一闪即可辨认出公共电话它的造型与英国传统的形式有着密切的联系；成为国家悠久文化的名片,是一种有象征意味的符号形式。意大利的公共电话亭形式多变,丰富多样。德国的电话亭则承袭了严谨理性的风格,讲究功能使用的方便,注意让人们在来去匆匆中易于寻找,并在电话亭楣沿顶部施以一条玫瑰红色,与周围环境形成鲜明的对比,整个造型简洁单纯,在严谨规范中散发出生机并与环境协调融洽。日本的电话亭不仅考虑到对人的关爱,同时体现对物的关爱,不仅在造型上体现日本文化的元素,同时将日本人生活的精致感表露无遗。法国巴黎大街上的电话亭从造型上保留了新艺术运动的流线型和自由缠绕的铸铁花饰风格,并喷涂新艺术时期最流行的绿颜色,与巴黎四处可见的新艺术时期的地铁门楣、栏杆形成风格一致的怀旧景象。

(三) 邮筒与邮箱的设计

如果电子计算机的普及应用令电子邮件成为当今城市之间人们传递信息的主要途径,那么邮政信件作为广大城乡之间的通讯手段在今天仍然起着不可低估的作用,而且作为通信手段之一,仍然与人们的生活紧密联系。邮筒与邮箱不仅与大众直接对话,而且以稳定、亲切的形象使远离家乡的人们感觉特有的信赖与温暖。尤其中老年人不会忘记那些曾给他们带来喜怒哀乐情感体验和传递信息的邮筒与邮箱。如今美国甚至还选择传统的20世纪四、五十年代普遍使用的老邮箱形态作为基本造型素材来设计今天的新邮箱,让其蕴涵对逝去的历史文化的缅怀,从而受到人们的钟爱。由此可见,邮政事业在人们心目中的份量。

邮筒有自立式的,有依附于墙面的。邮箱的体积相对较小,可以运用柱式将其抬高或镶嵌于墙内,也可以同时竖立几个分类式邮箱收集本地或外地信件。总之,方便人们投递、收集、处理及保护邮件是设计邮筒与邮箱应考虑的因素。

1. 方便投递

方便投递的含义便是有效地解决投递的高度与投递信件入口尺寸的问题。虽然朝邮筒与邮箱投递信件有各种年龄段的人群，但从我国人口身高结构的平均高度考虑，中等身材的人的肩峰高度上限约为1379mm。女性身材矮小，平均肩峰高度下限为1261mm，此高度即是邮筒与邮箱投递口的高度，最佳的投递口高度应控制在1261～1379mm。邮筒与邮箱投递口的尺寸，也是倍受关注的问题。首先，投递口的宽度应较之标准信封的长度略宽一些。如广州市街头的邮箱投递口的宽度约为200mm，投递口高度为10～15mm，这样尺寸的投递口比较方便人们将邮件投入其中。投递口太大容易倒流入雨水，且不利于防盗，约为10mm高的投递口一般人手不易伸入其中。同时投递口的形态，应让投递人能够容易地将信件对准入口并推其入内，这也是投递口形态设计需考虑的一个方面。对投递口形态的处理，有的在投递口上部加一个遮雨装置，有的在整体邮筒的上部设计一个帽沿，产生造型上的凹凸变化，使雨水不易侵入，有的设计成斗状或坡状的投递口，具有一定的深度与斜度，方便信件的投入。

2. 方便收取与防潮

方便收取与防潮，即考虑邮递员的操作与进行防水处理的问题。邮递员在每个邮筒或邮箱收取信件的时间一般在邮筒或邮箱上有注明，邮递员从一个收件点到另一个收件点是有时间限制的。他们在收件操作时需花费一定的时间，用钥匙打开邮筒或邮箱，取出信件放入袋内，然即刻从这一收件点赶赴下一收件点。节约邮递员收取信件的时间这是邮筒及邮箱人性化设计应考虑的一个方，如果设计不当，邮递员经常弯腰、下蹲收取信件，既不利于迅速收取信件，又加大了邮递员的体力消耗。为了方便、快速地分拣信件，有些地区采用将邮筒或邮箱分为本埠、外埠、航空等类型的方法。邮筒与邮箱的设计一般应设一段底座，也可以设计悬空或隔层，不宜让它们直接触及地面以保护信件不受水浸，达到防潮的目的。

3. 方便识别

邮筒与邮箱的造型以简洁大方，唤起公众的信赖感为设计主旨，简洁中蕴含传统的意味。一般邮筒应根据环境特点进行设计，独立存在于街头巷尾的邮筒，其形象应该鲜明、色彩突出，使公众远远便能清楚意识到它的存在，壁挂式的邮箱由于形体较小易与环境融合，有时与其他设施并置一起，可共同构成和谐的整体，只是由于其形象不明显，不易被人发现。邮筒与邮箱多半使用金属材料，耐日晒雨淋便于长久使用。设计时应结合地域特征考虑，色彩力求与当地邮政系统的标准色相统一，便于公众的识别与辨认。

（四）公共时钟的设计

公共时钟在欧洲、日本等国较为常见，而在我国尚属一个正在兴起的城市公共设施项目。时间观念尤其在今天信息化的时代，更加得到人们的关注，能否遵守时间已

图 4-12　公共电话亭的半封闭式设计　　图 4-13　壁挂式公共电话的设计　图 4-14　公共电话的组合式设计

是衡量是否诚信的必要条件之一。在公共环境中增设时钟,不仅方便行路者观看,以便正确掌握时间,而且成为人流密集的城市商业街、步行街、绿地广场、建筑大楼、车站等的地标特征。公共时钟在向人们传达时间信息的同时,也表明了城市的生活节奏,它已是城市文化和效率的象征。

1. 造型的分类

公共时钟主要有两种形式,一是城市标志性的设施,可以设置于塔形建筑的顶端与建筑浑然一体,如钟楼等,此种形式的时钟人们较远距离便能看到,有的还定时敲钟,悠扬的钟声成为人们生活中不可缺少的一部分,从而成为城市、地域的公共标志。另一种设立于街区或小广场上,成为该区域的特色标志,此种形式的公共时钟

图 4-15　具有地域风格的公共电话亭设计

常常与区域内景观、雕塑、照明、绿化等相结合,在与整体环境的协调中,以其独特的造型引人关注。

2. 形与音色的设计

公共时钟的设计以简洁为主,目的是在远处也能迅速地被看到,并分辨出它的时间指向。设计时应注意体量、位置与空间的关系,以简洁单纯的几何形体进行组合,并蕴含时代的信息,以形成该地区空间中的视觉焦点。有一些带趣味性的公共时钟,根据周边环境或商业环境、地区特点进行整体塑造,以利于人们对区域的识别。但是,在对公共时钟进行设计时,人们注意得更多的是公共时钟的形,而对其音色有时会忽略。实际上钟声会给生活于该城市中的人们带来更多的联想与美好的记忆。到了某一时刻,它或洪亮、或清脆、或优雅的钟声往往成为该地区的声之象征,成为人们心理稳定的象征。

3. 科技感与时代感

时钟的设计从手动到自动、从机械到石英、从使用电子到使用太阳能，其整个历史发展过程集中反映了人类的创造力。公共时钟同样需要体现时代的科技感与时代的艺术水平，它可运用各种材料并以材料本身表现出的特性进行对比，使静态的造型在时空环境与信息传递中成为活跃的动态造型要素。

在公共道路上设置的半圆柱体与平面镶嵌结合的告示牌造型独特，将地图、景标简明扼要地进行视觉传递，使人们无须询问就可以了解该区域的地理方位，自主地辨识和寻找目的地。

在大型的公共交通枢纽中人们被穿梭往返的车辆所困惑并为辨别方向而犯愁。灯箱与导向的结合，地标与休息座椅的组合，以及立柱中间的凹槽提供的照明，将四面八方的信息明确地融入在这完美的形式之中。

城市导向是文化环境建设中最具影响的城市形象设计。告示牌造型简洁，弧形与直线过渡自然，材质、色彩变化丰富，增添了其精致感，给人们带来亲切感又提供了方便。地铁、飞机场、城市快线等交通方式带给人们方便的同时，更需通过各种视觉符号，如图形、文字、箭号等提供信息服务，使它们在完善的服务中提高效率，发挥作用。

第二节　公共卫生设施系统的设计

一、公共卫生设施设计与人机工学

公共设施的设计必须系统地研究生理学、心理学和其他相关的学科知识，研究公共设施与人们的生活习惯、日常行为、文化习俗等的关系，以使人与环境处于最好的和谐状态。反之，如果公共设施的设计不能与人的行为相协调，不能符合更健康、更科学、更合理的人机工学原理，那么就将受到破坏，甚至给人们带来灾难。设计师在设计一个"物"之前，必须考虑到人，设计师必须使"为人而设计"、"人性化的设计"观念体现在设计的始末。对于卫生与休息服务设施而言，宜人性设计显得尤为重要。

重视"物"与"人"的完美结合，目的是为人而不是为物。先进的科学技术与广泛的社会需求为公共设施的设计打下了坚实的基础。如何使设施为人们自然、舒适、方便、高效、安全地使用，成为人们室外生活的"工具"与"助手"，这便是公共设施人性化设计的重点所在。设施的设计应减少不必要的操作，以减少使用上的差错和操作过程中带来的精神和体力上的疲劳。如垃圾箱的开口形式与使用方便程度有关；公共椅凳宽度与高度不同的设计体现供人短暂休息或较长时间休息的不同使用方式；残疾人使用的相关设施其操作平台高度与位置的设计；显示屏设置的位置、角度与人辨认观察的局限之间的关系等，都应体现人性化的设计。同时，设计师还要关注"无形的设计"，即如何向使用者提供容易理解的信息，从而摒弃高科技带来的恐惧感，使消费者与设施间产生诸多的情感，并通过增添设施造型、色彩、质感的变化，增添其体量

图4-16 公共邮筒与邮箱的设计　　图4-17 邮筒与邮箱的造型设计

图4-18 邮筒与邮箱的防潮设计　　图4-19 城市环境的公共时钟设计　　图4-20 具有时代感的公共时钟设计

大小、材质肌理的对比,从而增添使用设施时的趣味。通过诸多方面的设计,使人在感知、认知运作中体验公共设施的真正价值。

设计的环保性、耐久性以及品质高低也日益受到人们的重视,设计师应在公共设施设计中注意和适应这种新的价值观念的变化。公共设施的设计只有尽可能地达到结构的坚固、耐用与通用,选择环保性的材料,应用明确的形态语意表达,才能得到社会的认可。人们对环境信息的接受、识别、贮存、加工是通过感官获取的,人与设施间的相互关系从来没有像今天这样受到如此广泛、如此深入的关注。因此,设计出合理的为人所接受的公共设施是对环境空间的新贡献。

城市环境公共卫生设施主要目的是提高环境的卫生水平,满足室外活动的人们对卫生条件的需求,同时也满足对整体环境视觉上美的需求,从而提高城市的文明程度。如垃圾箱、烟灰缸、饮水器、洗手器、公共厕所等,这类设施不应单一地设置,必须与城市的给排水设备及其他设备构成一个系统。所以应该规划统一、设计合理、方便使用、完善管理,并且只有使用者与管理者间的积极配合,才能使这类设施更好地发挥应有的作用。

二、公共卫生设施的设计功能体现

城市环境必须具备活力性、感觉性、适合性、接近性和管理性五种性能。这些观念正是公共环境中卫生与休息服务设施的设计原则与宜人性设计功能的综合体现。公共卫生与休息服务设施的功能主要体现在以下几方面：

1. 使用功能

如果设计师不清楚了解使用者在公共场所的基本需求及设施在环境中的作用，便谈不上优化环境，更谈不上体现设施的功能。为人们的户外活动提供使用功能是卫生与休息服务设施设计的第一要求。户外的公共环境与室内环境不同，它属于大众的环境，人们各种行为方式的差异，促使环境设施应具有与公共环境相适应的功能以及相适应的空间需求。如老人、儿童、青年、残疾人有他们不同的行为方式与心理状况，必须对他们的活动特性加以调查研究，才能使公共设施的相关功能得以充分体现。如步行街、居民区或公园内的垃圾箱，设计时应根据人们一定时间内倒放垃圾的次数、多少、倒放的种类与清洁工人清除垃圾的次数等来决定它们的容量与造型，并考虑垃圾箱的放置地点，以便使垃圾箱更好地满足人们的使用需求。如果缺乏"人性化"设计，缺乏对功能的研究，便会出现种种不协调的现象。如城市广场只追求景观效应种植大面积草坪，缺少树木绿阴，缺乏生态效应，路人在烈日下行色匆匆，便谈不上休闲观赏；公共场所缺少公共厕所，行人为"方便"而四处寻找，女厕中厕位的不足，导致出现排长队等候的现象；吸烟的人由于没有烟灰缸而四处乱扔烟头，造成对环境的污染等没有"人性化"的设计，就谈不上提高大众的公共生活质量，公共设施的使用功能更多地是通过人性化的设计予以实现的。

2. 美化功能

美化功能在公共设施的设计中占有重要的地位。情与景的交融，使使用者在与公共设施相互作用的关系中得到美的享受。公共设施在服务于人、满足于人的同时还应取悦于人。公共设施的造型表情在不同的文化背景中具有不同的象征意义，表现不同的情调，常与人们的审美心理产生对应的关系，以美的视觉效应陶冶人们的情操，给人带来愉悦的同时，营造了充满人情味的情感空间。

环境设施的美还体现在对细节的处理上，如融于环境中的廊道棚架和朴实自然的公共座椅，一改直线型的布局而采用弧线的形态，独特的摆设给人带来视觉的愉悦；各种人工设施与自然景观的有机结合、交替出现，消除了它们之间的不协调，使环境空间更增添艺术美的氛围。这种美化功能肩负着美学的大众普及职能，并会长期影响和作用于我们的社会。

3. 保护功能

公共设施的保护功能体现在两个方面：一是对生态的保护，对环境小气候的改善。如在绿化带、水景边设置垃圾箱，使人们不致于乱扔垃圾影响环境的美观。二是对人的保护。人们在室外活动中，对自身行为和不可预测的自然因素可能带来的各种伤害，某些公共设施的设置可以使人们避免这些伤害，消除危险以免事故的发生。如在上坡下坡处设置扶栏，为腿脚不便的人群提供方便；街头巷尾摆放座椅，为人们提供随时的休息；交通要道边的各种设施对车辆运行进行积极的控制，以确保人车分流，对人们起到拦阻、警示的功能。公共设施的保护功能是形成良好的公共环境秩序，保证人们正常室外活动的安全因素。

图4-21 公共设施垃圾箱的设计

4. 综合功能

公共设施的功能往往不是以单一的功能形态出现，而是集多项功能于一体，尤其对于特定环境中的公共设施，更体现其综合的功能。如广场边的售货亭除应造型独特增添环境的美感外，还应配置一定的休息椅凳、垃圾箱等，这不仅可为路人带来生活的方便，更可让路人得以短暂的逗留休息、赏景聊天；公共路灯既可装饰城市的夜景，同时又提供必要的照明等公共设施的功能有不同的层次，除了是对物的使用外，还需进一步延伸，从设施的材料、特征与结构等细节上，显示并传递出它们的信息：时代风貌、地域特色、民风民俗等。如果公共设施简单地理解为是对物的使用，这只会令公共环境变得平淡无味。使公共设施"人尽其兴，物尽其用"，发挥主体与客体的互动作用，才能使公共环境达到舒适、安全、卫生与文明的要求，才能使人们的休闲、娱乐、交往、观赏、学习、购物等活动得到充分体现，真正创造城市环境中人的活动天地。当公共设施的设计与城市的整体环境相协调、相融合时，它们的综合功能概念便越加完善。

（一）公共垃圾箱的设计

垃圾的收集方式体现了一个国家与社会的文明程度，垃圾箱的设计更是城市公共环境一个备受关注的问题。

1. 垃圾箱的分类

20世纪70年代用陶瓷材料制作的仿熊猫、狮子等动物造型的垃圾箱曾风靡一时。时过境迁，动物造型的垃圾箱已逐渐被淘汰弃用，取而代之的是用现代新材料、新工艺制造生产的塑料、不锈钢等使用方便、造型美观、经久耐用的各类垃圾箱，这亦从另一个侧面说明了现代设计参与提升社会文明的必要性。普通垃圾箱一般高为60～80cm，宽为50～60cm，放置于广场、居民小区中的体量较大，高90～100cm。垃圾箱的形态多种多样，从设置的方式来说，可分为固定式、活动式、依托式等。

（1）固定式

固定式垃圾箱的优点是不易被挪走和破坏，便于保管。一般独立设置于人流量较少的街角或广场边，上部为垃圾箱的本体，下部为支撑部分与地面连接。此类垃圾箱一般不变换其位置，需注意的是垃圾箱的投放口应尽量扩大，支架结构须坚固，材料应经久耐用。

(2) 活动式

活动式垃圾箱的优点是可移动，方便维修与更换，机动性强适用于各种公共场所，有时与其他环境设施配合，设置于人流变化和空间变化较大的场所。这类垃圾箱基本上以直立型为主，圆筒直立型的设置方向、设置地点具有较大的自由度；方柱直立型的具有方向性，适合于柱、壁面及通道的转角处。活动式垃圾箱由于底部易被污染和破损，设计时应考虑方便套放、换取塑料袋，便于快速回收垃圾与清洗垃圾箱。居民区的活动式垃圾箱应设计得较大些，便于大批垃圾的收集及转运。

(3) 依托式

依托式垃圾箱一般较为轻巧，固定于墙上或柱上，适宜人流较多、空间狭小的场所，同时清除垃圾的方式应尽量简化。

2. 垃圾箱的设计要求

(1) 容易投放垃圾

让人们在公共环境中方便使用，这是对垃圾箱设计的要求之一。垃圾箱的开口形式，无论是上开口还是侧开口，都要注意使人们能在距离垃圾箱30～50cm处便能轻易地将垃圾投放其内。设计时须注意垃圾箱放置的不同场所，如在人来人往的旅游场所人们急于赶路，垃圾箱的投放口就应相应地开大，让来往匆忙的人能"放"进垃圾，也能"扔"进垃圾。我们常看到垃圾箱周围扔有很多垃圾的现象，其原因除了人为因素外，也有设计不当的因素。为了方便投放垃圾，垃圾箱投放口的开口方向一般有朝上、侧向和斜向，垃圾箱也有脚踏掀盖、推板等形式。脚踏掀盖式的垃圾箱适合家庭使用，而在公共场所，因使用次数多而容易被损坏。推板式的垃圾箱则由于使用者在丢垃圾时担心伤及手部，从而导致投放的垃圾夹在推板与投放口间，没有丢进箱内。由此可见，垃圾箱投放口的设计要注意其实用性。

(2) 容易清除垃圾

清洁工人每天会对垃圾箱进行多次清理，因此，垃圾箱的设计要方便清洁工人清除垃圾，垃圾箱内要避免死角，如使用塑料袋，就需方便套放和方便换取，以便提高清洁工人的工作效率。当前使用较多的是外筒套内筒的垃圾箱，内筒采用一次性塑料袋，只要搬起外筒取出塑料袋就可清理垃圾。也有一些场所，因需经常性清理垃圾，所以垃圾桶不设盖，甚至将塑料袋直接挂在专用固定圈上，方便随时换取也方便投放垃圾，但缺点是不美观。

(3) 防雨防晒

垃圾箱放置在公共环境、露天场所的居多，需防止食物等垃圾被日晒雨淋后变质发臭、流出污水，招引苍蝇蚊虫，影响环境。根据垃圾箱投放口设计朝上、侧向、斜

图 4-22　固定式垃圾箱的设计　　图 4-23　活动式垃圾箱的设计　　图 4-24　依托式垃圾箱的设计

4-25　推板式垃圾箱的　　图 4-26　垃圾箱的防雨防晒设计　　图 4-27　垃圾箱的形态造型设计

向的不同类型来看，侧向开口的垃圾箱防雨防晒效果较好，因为它的开口在两侧，雨水直接落入或飘入垃圾箱内的情况相对于其他类型少；另外，当太阳直射时，它像伞一样的顶部可以遮挡阳光，顶部距箱内垃圾有一定距离，且两侧的投放口利于空气对流，使垃圾箱内的垃圾不致于因温度过高而霉变发臭。

(4) 使用场所的考虑

一般情况下，不同地段应有与场所相适应的垃圾箱，应按一定时间内垃圾倒放的多少和清除垃圾的次数来设计其类型和确定安放的数量及位置。尤其是在交通节点、人流量较大的地方或自动售货机附近，由于这些空间的垃圾多为飘游性的，如空罐、果皮、纸袋、塑料杯等废弃物，加之清洁工人经常性地打扫，因此此处的垃圾箱以数量多、容量适当小、能移动为主。设计时可以小巧些，开口朝上并且尽量大方便过往行人顺手投入垃圾，同时注意设计要简洁并富有时代感。一般室内及公共场所，如候机厅、候车室、大型商场等多采用此类垃圾箱，方便垃圾的投放与回收处理。对于居民

第四章　公共设施与环境设计的分类

点的垃圾处理，一般居民在家中将垃圾用袋装后投入街区专设的大型垃圾箱内，这一类垃圾箱开口要更大以方便整袋垃圾的投入，同时也方便垃圾车的清运。

（5）造型与环境的协调

公共垃圾箱的造型包括形态、色彩、材质等，与整体环境相协调是必须考虑的。从垃圾箱的主要功能而言，垃圾箱不是景观装饰品而是人们生活的附属品。设计时一般不刻意强调它的形态、色彩，而是力求简洁大方，与环境的协调，同时还要注意所选材料的耐用性。

总之，垃圾箱的设计应按照实地场所的人流量、居住密度、一定时间内垃圾量的多少、清除垃圾的次数等具体情况而定。

3. 分类垃圾箱

随着公众环保意识的加强各国都在垃圾定点回收上作出各种努力，以减少对环境的污染，如倡导 3R（reduce、reuse、recycle），即减少垃圾数量、提倡回收物的使用和倡导资源的循环再生利用。所以垃圾箱的功能越来越体现人们环保的文明意识。

我国现将城市垃圾分为三类：有机垃圾、无机垃圾、有毒垃圾，或分为可回收垃圾、不可回收垃圾、有害垃圾。并通过垃圾箱的不同色彩或一定标识对垃圾进行分类收集，这是我国当代城市环境建设对环境设施提出的新要求。

（1）垃圾的分类

① 可回收垃圾：如废纸、废塑料、废金属、废玻璃、废织物等。其中废纸包括：报纸、各种包装纸、办公用纸、广告纸张、大小不同的纸盒等；废塑料包括：各种塑料袋、塑料瓶、塑料包装、泡沫塑料、一次性塑料餐盒餐具、硬塑料等；废金属包括：易拉罐、铁皮罐头盒等。

② 不可回收垃圾：在自然条件下易分解的垃圾，如果皮、菜皮、剩菜剩饭等。

③ 有害垃圾：如废电池、废荧光灯管、水银温度计、废油漆、过期药品等。

（2）垃圾的回收方法

日本的家庭一般按"可燃"和"不可燃"将垃圾分装入袋，定时定点放于家门外，让环卫工人收走，并设有一种黄色的垃圾箱专收废弃的普通电池、钮扣电池和其他电池。

国内各地都有不同的地方规定，垃圾分类收集服务细则规定居民生活垃圾分为可回收垃圾、不可回收垃圾、有害垃圾三类，其中要求居民独立包装"废电池、过期药物、化妆品"等有害垃圾，并定时定点由环卫工人处理。

（3）分类垃圾箱的设计

① 分类垃圾箱的色彩

分类垃圾箱一般以绿色代表可回收垃圾，黄色代表不可回收垃圾，红色代表有毒垃圾。虽然现在还没有色彩使用上的统一规定，但以各地的使用习惯以及人们对环保生态的理解而采用的色彩分类可谓是约定俗成的。如奥地利维也纳机场以绿、蓝、红三色作分类垃圾箱的标色，同样在奥地利，因斯布鲁克(Innsbruc)则以白、蓝、红、绿

图4-28 公共垃圾箱的分类设计

图4-29 可回收的垃圾箱设计

代表不同的分类垃圾箱,并在垃圾箱的正面张贴两只巨大的眼睛,提醒人们将垃圾正确投放进相应的垃圾箱内。意大利罗马的某地则以蓝、白两色作为分类垃圾箱的色彩,并张贴不同图形表示分类回收和再生垃圾。

② 分类垃圾箱的标识

国外对垃圾分类推行较早,多年的推行已使公众养成了对垃圾进行分类的习惯,故垃圾箱的设计多配合不同的色彩与图形标识。如德国的垃圾箱常以玻璃瓶、塑料瓶、纸盒纸袋和塑料泡沫袋等四类不同的图形,并采用不同的色彩来表示对不同垃圾的分类。法国巴黎,在回收玻璃瓶的垃圾箱上印有玻璃瓶的图形并配以文字,鲜明地标识垃圾回收的对象。香港的公共垃圾箱则采用三种不同的色彩,并配以相应的图形和标识,如废纸回收箱、铝罐回收箱等。为方便使用者使用和减少成本,有些部门还提出对垃圾进行干、湿的分类。用文字形式来标识不同的分类垃圾箱并赋予文字色彩,有助于人们清楚辨识。在人流量较大的环境中,同时摆放烟灰箱、敞口的垃圾箱及回收型垃圾箱,满足不同类型人的需要。

(二)公共烟灰缸的设计

虽然整个社会不提倡吸烟,不少公共场所更是明确规定不准吸烟,但吸烟的人却不在少数。在公共环境中安置一些让"烟民"们能弹烟灰和丢弃烟头的设施,也是提倡城市文明的一种表现。

公共烟灰缸一般分为三类:一类是为行走的烟民设立的,高度约为900mm,便于烟民顺手弹烟灰和掐灭烟头。另一类是为坐着休息的烟民而设立的,高度在450mm为宜,烟灰缸应尽量与垃圾箱、休息椅等配套并组成统一的设施。如设在休息椅附近,应考虑其高度与人的坐姿相适应,并适当靠近休息椅;如设于人们逗留的交通交汇点或公共汽车站等场所时,其设计高度相近于人站立时使用的高度以方便行走与休息的人共用。目前出现较多的是烟灰缸与垃圾箱结合使用的装置,设计时要保证其结构的坚固结实并采用耐火材料，同时，构造还应注意设计轻巧，以便环卫工人倾倒与清洗，也要考虑与周围环境的协调。

还有一类是在公共场所特地为烟民开辟的吸烟区域，与外部环境隔而不断，如日本的飞机场、车站或旅游胜地都设有专门的吸烟区。吸烟区内有公共座椅，抽风机在不停地转动，使吸烟的人既自在又不影响环境。这充分反映了公共环境同样需要对不同群体行为的尊重，体现人性化设计的需求。

不同的街区根据不同的人流量设置不同的公共烟灰缸装置，其大小和形式都体现了合理、完善的环境设施建设的必要性。透过这些设施，让人更多关注的是公共环境中的精神文明、公共道德和公共福利，烟灰缸上明确的标识更是提醒人们遵守行为规范，这对人们日常行为中习俗的改变、修养素质的提高和主体意识的培养都起着一定的作用。

（三）公共饮水器的设计

饮水器在欧美国家的公共环境中经常可以见到，但在我国只是少数城市中刚刚兴起的环境设施。饮水器，顾名思义就是供人们饮用的自来水装置。国外一些城市的水质高非常卫生，所以供直接饮用的历史较长，街头、广场、公园内的饮水器，就是在人们室外活动过程中感到口渴时，饮水的设施。随着我国文明程度的不断提升，城市化进程的加快，国内不少地方开始考虑为方便游人而设置饮水器。但是，饮水器的设置需要加强给排水工程的辅助建设与市政规划、管理的力度，需要通过媒体宣传全面提升人们的文明意识，确保供水的卫生安全。饮水器的设计应注意以下几点：

1. 饮水器一般设置于人流集中、流动量大的城市空间，如步行街、城市中心广场等。

2. 饮水器的材料一般选用混凝土、石材、陶瓷器、不锈钢及其他金属材料。

3. 饮水器的设计有几何形体的组合，也有以象征性的形象出现，造型单纯、有趣，在实现功能的同时，增添环境的乐趣与美感。

4. 饮水器的设计要考虑使用对象及其年龄层次，要考虑方便残疾人、老人等使用。出水口的高度不应统一，高度可按以下两种方式进行调整：一是改变出水口的高度；二是出水口的高度统一，改变出水口下方的踏步级数。通常出水口距地面高度为1000~1100mm，较低的距地面600~700mm，每级踏步的高度以100~200mm为宜。

5. 饮水器与洗手装置可考虑同时设计，满足人们在公共环境中清洁卫生的需要。

将饮水装置与公共艺术有机结合，成为该地区居民文化和生活场景的组成部分，同时成为宝贵的人文资源，承载和显现当地居民的精神情感、价值观念，它既是饮水装置更是当地人文历史的重要见证。

运用自然质朴的材料如竹子、石基、铜勺等提供水源，以祖先传统的使用方式提供饮用水，使人们在远离自然和乡村的现代城市中同样有机会感知绿色生态带来的恩赐和抚慰。饮用甘甜山泉水的同时，倾听清脆的水流声，观看永不停息的水流动，体味自然的韵味，一种对自然的亲近之感便会油然而起。

图4-30　彩色垃圾箱的生态设计

图4-31　公共烟灰缸设计

图4-32　烟灰缸与垃圾箱组合设计

图4-33　公共卫生设施饮水器的组合设计

图4-34　饮水器的高度定位设计

图4-35　自然材质饮水器的绿色设计

（四）公共厕所的设计

公共厕所是体现城市文明程度、体现对人的关爱的重要设施之一。适当增加公共厕所的数量，不断提高公共厕所卫生设备的质量并加强管理是现代城市发展的迫切要求。

1. 公共厕所的分类及存在的问题

公共厕所作为居民与行人不可缺少的卫生设施，有固定型和临时型两类。临时型还分为临时固定与临时移动两种形式。公共厕所常设于城市广场、步行街、商业街、车站、码头、公园、住宅区等场所，其间距根据人流量的多少和密集程度加以设置，一般街道公厕设置的间距为700～1000m；商业街公厕设置的间距为300～500m；流动人口高度密集的场所公厕设置的间距应控制在300m以内；居民区公厕设置的间距为300～500m。

公共厕所在20世纪80年代之前，给人的印象是一个臭气熏天、污水横流、不堪入目的场所。随着人们生活水平的日益提高，社会文明程度的提升，公共厕所也应该以新的面貌出现并为公众服务。在多数公共环境中，公共厕所的设计常存在以下问题：

一是公共厕所数量不足,不能满足公众的使用需求;二是公共厕所管理混乱,收费不统一;三是公共厕所男女分区面积与便位的不合理,常常出现女厕排队而男厕空空荡荡的现象。

2. 公共厕所设施的设计

公用厕所的设计造型上力求与环境相融合,并可结合休息坐椅、花坛、绿化进行设计。公共厕所设计应以适用、卫生、经济、方便为原则,其大便便位尺寸一般为长1~1.2m,宽0.85~1.2m;小便位站立式尺寸(含小便池)为高0.7m,宽0.65m,间距0.8m;厕所单排便位外开门走道宽应为1.3m,双排便位外开门走道宽以1.5m为宜;便位间的隔板高度自地面起不低于0.9m。公共厕所的设计需注意以下几点:

(1) 注重与环境的协调

公共厕所的外观要尽量与周边环境相协调,切忌由于公共厕所的建立而破坏原有的景观特色。如英国伦敦的公共厕所与街区的整体风格融洽统一,标识清晰、易于识别,又显得平易近人。日本的公共厕所外观显露出朴实的东方建筑风貌,与周围的马路、建筑、树林互为融合,有些公共厕所入口摆放雕塑等装饰,营造亲切友善的气氛。公共厕所的出入口要有明显的标志,国家一类公厕与旅游景点的公厕更需加上英文标识。

(2) 注重造型的简洁

临时性举办大型活动的广场等场所应使用活动式公厕,便于随时运输与拆装。这类公共厕所的设计需注重造型简洁、视觉明确、易于辨认。由于这类厕所一般只供单人使用,要求安全卫生内饰牢固,同时还要易于清洁、冲洗。设计时可考虑与其他公共设施的连体组合,便于环境的有效利用。

(3) 注重环保的设计

公共厕所的环保设计是每一个国家在环境系统设计方面应重视的因素之一。一般而言,用水、除臭、排污处理是公共厕所应解决的三大难题。英国在新世纪产品设计中,运用现代科技设计了一种免冲水的公共小便斗,并在公共环境中付诸使用,起到了很好的节水和环保作用。建筑式的公共厕所其通风、采光面积与地面面积之比不应小于1:8。当外墙侧窗采光面积不能满足要求时,可增设天窗。公共厕所应尽量采用高效、节水型的智能卫生设备,例如洗手时通过自动控制完成水的开关;厕位冲水系统在一定时间内自动冲水与关闭,不仅节水而且更易消除异味。

(4) 注重安全的设计

公共厕所的安全设计包含了两个方面,一是从老弱病残者的活动安全考虑,地面不能铺设抛光砖之类的光滑材料并注意扶手的位置,内饰不能有尖锐的转角出现,并且应该增设残疾人的专门厕位。二是防范犯罪活动,如打劫、偷盗等。通过加强照明、安排管理者的位置等措施减少犯罪活动的可能性。

(5) 注重公共厕所配套设施的设计

公共厕所配套设施的齐全与耐用性同样重要。一般公共厕所都设有收费处、供纸、

图 4-36　卫生设施公共厕所的设计　　图 4-37　现代城市广场公共厕所的设计　　图 4-38　街道公共厕所的造型设计

图 4-39　简洁、移动式卫生间的造型设计　　图 4-40　公共卫生间的配套设备的造型设计

烟灰缸、垃圾箱、洗手盆、净手设备及烘手器等，以满足人们个人卫生的需要。尤其是活动式厕所，这类设备更应注重其使用的方便性与耐用性。加强管理和提高公共厕所的清洁卫生状况，才能更加体现出人性化的关怀与设计。

第三节　公共休息服务设施的设计

休息不仅是体能的休息，还包括人的思想交流、情绪放松、休闲观赏等综合的精神休息。城市环境中公共休息服务设施的范围很广泛，目的是满足人们的需求，提高人们户外活动与工作的质量。将艺术审美、愉悦人心、大众教育等观念融入环境中，使休息服务设施更多地体现社会对公众的关爱、公众与公众间的交往以及公众间利益与情感的互相尊重，这便是多元化设计的发展趋势。

一、公共休息设施中坐具的设计

公共椅凳供人在各种公共环境中休息、读书、思考、观看、与人交流等，使人在得到舒适与放松的同时感受生活的情趣与关爱，是场所功能性及环境质量的具体表现。公共坐具有椅和凳两大类：座凳在室外环境中一般设于场地的边缘，供人们坐、靠、聊天及休息，形式简单灵活实用，可结合路灯、花坛、雕塑的台基设置，也可沿建筑、树木边界设置；座椅一般设计有靠背，有些还有扶手，供人们坐和休息，它的造型、色彩、质感、结构的设计能表现出环境内的特定气氛。

椅以坐和休闲为主要目的，早期在欧洲的各类庭园、街道中应用广泛，造型或精致古典，或简洁单纯，在环境中起到很好的点缀作用。休息椅凳的设置方式应考虑人在室外环境中休息时的心理习惯和活动规律，一般背靠花坛、树丛或矮墙，面朝开阔地带为宜。供人长时间休想的椅凳应注意设置的私密性，以单座型椅凳或较短连坐椅凳为主，也可几张椅凳与桌子组合，供人短暂休息的椅凳，则应考虑设施的利用率；根据人在环境中的行为心理，常会出现七人座椅仅坐三人或两人座椅仅坐一人的情况，所以长度约为2m的三人座长椅被证明其适用性是较高的，或者在较长的椅凳上适当进行划分，也能起到提高其利用率的效果。

1. 公共椅凳的作用

公共椅凳虽然平凡普通，但在创造富有个性独具特色的空间时，能以其多样化的形态结构来强化地区的风貌，并成为文化继承和交流、人们情感协调的重要因素。提供休息空间可以提高环境空间的使用质量，如建筑边界、柱脚、平台等都可以成为合适的休息之处。在繁华的商业街、开阔的街道两旁或江河湖泊边配置一些富有地方特色的座椅，可以给人们提供想象与思考的空间，往往能引起人们对此区域历史文化的怀念，也为优美的公共环境提供了必需的设施，共同营造适宜的环境氛围。在各式各样的户外活动空间中，公共椅凳的设置不仅是为人们提供休息的坐具，更让人在坐、靠中缓解疲劳同时感受家园般的体贴，营造一种亲切友善的氛围。公共椅凳特有的材料、色彩、结构产生的视觉上的对比，蕴涵鲜明的地域人文信息，会使索然无味的环境变得更加生动、充满活力。

2. 公共椅凳的尺寸及设计

从心理学的角度而言，人们会无意识地保持个体间的距离和非接触领域。单人座椅尺寸一般座面宽40～45cm，座面高38～40cm；附设靠背的座椅，靠背长35～40cm；供长时间休息的座椅，靠背的倾斜度应较大。在候车站，既要保证足够数量的坐具供人使用又要考虑坐具的利用率，为消除旅途与候车带来的烦躁与不适，应该设置有靠背的椅子。在人流量大，通频繁的交通要道，可根据场所特点设置条状、占面积少的靠杆，以方便背行李和旅途劳累者或老弱病残人士短暂地靠着休息，体现人性化的设计。

3. 公共椅凳布局的多样化

公园、车站、广场等地方需有足够的座椅供人休息。根据不同环境的特点和不同对象的行为来布局不同形式的座椅，也可以利用环境中的自然物与人工物，如路障、木墩等转借成座椅的替代形式。对于人流量大或不宜让人长时间逗留的地方，可利用其特殊的造型，使人难以久坐。座椅使用时可相背而坐，不会互相干扰，是基本的长椅布局形式，能较好利用座椅，但不适合一群人的使用，站着的人也会妨碍通道。当使

图4-41 公共休息服务设施的设计

图4-42 公共休息服务设施的椅凳设计

图4-43 公共设施的休闲桌椅设计

图4-44 公共设施的室外餐桌椅设计

用者一字排开时，两端的人可自由地转身面对面交谈，角度的变化适合双向面谈，而不致于膝盖互碰，适合多人间的互动，站着的人也不会影响临近的通道。多角度的变化适合各种不同社交活动的需要，同时变化的椅凳布局丰富了空间的形态，但只适合于单独使用者，不适于群体间的互动。当人太多时，两边的人就需倾斜着身子，膝盖会因互碰而造成不舒服。椅凳与其他环境设施一起组合成复合的形态，形式灵活多变适宜多种人群的需求，再提供垃圾桶、烟灰缸等配套的环境设施，更有利于人的活动，又丰富了空间。

长的休息椅与其他公共设施组成的休息长廊可以用往日的船锚、救生圈、螺旋桨等作为装饰符号点缀环境，叙述着往日的故事，让人们在休息中思恋怀旧，满足情感的需求。

随着材料科学的不断发展，公共椅凳的材料从石材、木材、混凝土、铸铁等到陶瓷、塑料、合成材料、铝及不锈钢等，材料的选择越来越广泛，但都必须满足防腐蚀、耐久性佳、不易损坏等基本条件，同时还需要具备良好的视觉效果。

二、凉亭、棚架的设施设计

"亭台楼阁"是传统园林和建筑中不可缺少的设施，它们虽属装饰小品一类，但在古今中外的园林和建筑中都应用广泛。形式各异的亭子更是流传几千年，遍布全世界。

尽管今天的凉亭、棚架较之传统的亭子被赋予了更多的时代特色与内涵，然而凉亭、棚架的功能依然不变。汉代许慎在《说文解字》中就提到："亭，停也，人所停集也。"它们不仅具有自身的艺术价值，还可与其他环境要素共同组成一定的供人们聚集的空间，创造环境的价值。社会的进步促使亭的功能不断分离，但作为人的聚集之地，这一功能是不变的。随着时间的流逝，凉亭、棚架的精心设计在为地域环境增美增色的同时，也增添了文化的价值。所以，凉亭、棚架的美是整体的、综合的。

1. 凉亭、棚架设施的作用

凉亭、棚架的形式丰富，在形体、高度、结构、色彩及各种材料的组合中千变万化。由于构造小巧，与其他建筑相比较为灵活，所以这古老的形式被赋予了更新的内容。

传统的亭子多建在山顶或园林中，成为景观的点缀，供人们爬山休息时使用，也可凭栏远眺，其本身又是景点。今天的凉亭却是公共场所、社区环境、建筑绿化中不可缺少的公共设施，具有更多的公众性。棚架是凉亭的延伸，它的布局比较自由，在环境中有很强的导向性，可以接各处的景观，其造型有直线型和曲线型。在城市环境中凉亭、棚架已越来越成为空间中重要的设施，如居住小区、庭院或绿化的街道是城市环境系统中最基本、最活跃的区域，在这些满足居民休息、游览、漫步、交往的小环境中设置凉亭、棚架，便有利于其综合功能的实现。设置时可靠近散步道或与散步道分开成为独立的区域，以满足人们静坐、休息、交谈和观赏风景；还可成为人们的聚集场所，供老年人在此打扑克、下象棋、聊天；儿童在此玩耍、捉迷藏；年轻人在此谈情说爱等。凉亭、棚架由于最接近居民的室外生活，最能丰富居民的室外活动，因而常常成为区域小环境的中心。

2. 凉亭、棚架的设计原则

凉亭、棚架的美往往建立在自然美与技术美的结合上，现代科技的进步为设计各种形态、尺度、体量和色彩的凉亭、棚架提供了最大的可能。设计前应首先考虑：

（1）空间性质的定位与定性，是观赏、休息、娱乐空间，还是过渡空间。

（2）空间的分隔与邻近空间在视觉上的连接。

（3）运用各种要素，如水、石、林、路等装饰布置空间。

（4）时间发展和材料变化对空间状态的影响。

现代的凉亭、棚架在形式、构造、选材、装修各方面日益完美，以精良的设计丰富着我们的环境，人们利用各种形体，在各部位运用不同的比例、尺度、质地和色彩使凉亭、棚架的个性更加突出。除了亭本身的作用外，还应在其与周围环境的协调、揭示环境特色、传递环境信息和过渡空间等方面发挥作用。如在儿童游戏场中应该选择造型亲切、色彩鲜艳的小亭；在别墅和草堂则应该选择自然的竹、木制茅亭；在住宅社区则应该使其与攀缘植物等结合形成花棚，强调与环境的融合，营造静沁、安宁的氛围。当凉亭、棚架遮风避雨的使用功能转化为休闲、游乐的功能时，其艺术和环境的美就更需予以重视，因为人们将其作为载体，以特有的形式表达一种心绪与意愿并

图 4-45　与自然环境结合的公共设施座凳设计

图 4-46　公共设施的棚架造型设计

图 4-47　公共设施的凉亭造型设计

图 4-48　公共设施的凉亭与棚架组合设计

得到精神上的享受。追求凉亭、棚架美观的同时应注意结构的安全性与提高材料的耐久性，如木制凉亭、棚架，应选用经防腐处理的红杉木等耐久性强的木材。材料的选择不仅要考虑环保，还应与所处的环境相适应和协调。

三、服务性管理设施设计

1. 售货服务亭的设计

随着社会经济的发展，单一的城市格局逐步向网式、多中心的城市群发展，商业经济、大众消费及相应的商业文化、大众文化日益兴盛，公共场所的各类服务设施也随之日益健全。街头巷尾的售货亭和广场上出售纪念品的小卖部等设施应运而生，以满足了人们多样化的生活需求，快捷而全面地为市民服务，同时也活跃了城市的空间。

（1）造型小巧灵活、色彩鲜明

作为城市环境的一个点，对售货亭、书报亭、问讯处、小卖部等设施设立的位置、面积和体量的确定，必须进行认真考虑，对其用途、目的、道路状况与人流、消费群体的特征等应进行仔细调查。售货服务亭的空间可大可小，一般面积为 $2\sim 3m^2$，也可将面积适当增大。售货服务亭具有如下特点：体量较小、分布面广、造型灵巧、色彩鲜明、服务内容丰富。

（2）营造休闲的活动区域

售货服务亭是"室外的房间",设计时应体现城市多元化空间的识别性,强化区域特色,成为环境空间的"点缀"。在自身细部形象的设计中,除了完善服务功能外更要提高其美学价值,并注意与周围环境相协调,可以采用通透的结构使局部空间显示可视性与丰富性。还可根据环境的特点将售货服务事亭休息椅凳、遮阳伞、垃圾桶等组合一起配置,显示整体环境特色,营造休闲活动的小区域。

(3) 售货服务亭与周边建筑环境相协调

正面的彩色标识使售货服务亭显得丰富活跃并充满商业气息。有的售货服务亭以各种风格形式的装饰,突出了售货服务亭在特定区域的景观效应。

街头巷尾、旅游观光点或广场边设立售货服务亭、书报售卖部等,与其他公共设施合理组合成为环境的亮点。它们的设计应依据周边环境特点而定,或雅致、或具有浓厚的现代气息、或通俗化、或追求装饰性,力求与周边景观、建筑、文化气息相协调,成为大众化、开放性的公共小环境。

在售货服务亭的周边设置座椅、垃圾桶、电话亭等公共设施,形成以售货服务为中心的独立小环境。它直接影响人们对空间的利用,成为嘈杂繁华地段中相对静态的环境,适宜人们逗留、休息、交谈等各种活动,成为人们生活中极富生气的小场景。

2. 自动取款机、售货机等设施设计

随着现代信息软件的发展,智能化设施越来越多的地进入到百姓的生活当中,为人们提供了便捷、舒适、安全的公共环境设施。城市中的公共环境犹如家庭的室内环境一样,需要考虑各方面的因素来满足人们不同的需求,哪怕是非常特殊的、偶然的问题,也需设置相关的设施予以解决。公共环境应具有一定的秩序与便利性,当发生突发事件时可随时进行处理并提供安全保障。这些很普通的公共设施不仅体现对人的关爱,通过各种细节也体现了社会的进步、城市的活力。这都需要精心的设计,更需要将平等、自由、互助、互利的城市理念融汇于公共环境的设施中,因为这维系着城市的运转,维系着人们的生活,是城市中不可缺少的。如救生设备、各种场所的存物箱与存物柜、街头巷尾的自动售卡机、自动取款机、商业部门的自动售货机、居民小区及商业环境用的电器控制装置等,这些设施更强调功能上的设计,但作为公共环境的一部分,其设计必须与周围的环境相协调,在造型与色彩上尽可能不破坏周围的环境,并以鲜明的特征形象为公众所识别与接受。

服务性设施的设计原则

① 功能性:首先服务性设施要提供使用者以方便、明确的服务信息,如按键、旋钮、标示等要醒目、简捷便于使用。同时需要解决人们在紧急情况下进行操作过程中的准确性还应起到监管和系统的服务功能。

② 安全性:在服务性设施设计时,要考虑到使用者的保密性和安全性。特别是涉及到个人隐私信息的服务性设施,要利用系统的内部和外部的相互联系,使整体结构更加安全,在此类设施的出口和入口要有警示设置,如自动售卡机、自动取款机、自动售货机等。这些设施的固定装置一般都设置在墙体上或固定在地面上,有的把安装

图 4-49 公共设施的售货与凉亭综合设计

图 4-50 公共设施的服务亭设计

图 4-51 公共服务亭的设计与环境相协调

图 4-52 镶嵌式自动取款机的设计

设施的墙面装饰成具有反光的材料,以增强其设施的安全性。

③ 便捷性:在进行公共服务性设施的设计时,要充分考虑到人的因素以及人活动的范围、具体尺度等,根据人体工学的标准与特殊人群的特点进行操作空间的设计与测试。在色彩设计与材料的选择上多采用对比的手法,达到视觉传达的效果,最大限度的避免操作与使用时的人为失误,提高公共服务性设施使用的准确率和使用的效率。

四、娱乐活动设施设计

娱乐活动设施是人们聊天、游戏、交往、读书、观赏风景和休息时必不可少的服务设备。体现了对人的室外活动与需求的关怀,也是场所功能性以及环境质量的重要体现。

(一)娱乐设施的作用

娱乐设施一般设置于城市公园和绿地广场的儿童游戏区,以及居住区内的儿童活动场地。其中一些大型的娱乐设施如观光缆车、碰碰车、运行器械等应设于城市公园内，并因其易产生噪音，可专门开辟游乐区域。居住区内则以小型、噪音小的娱乐设施为宜。娱乐设施的设计需针对不同年龄人群的生理和心理特点，从设施的尺度、色彩、形象、材质等方面进行综合研究。如一些供攀爬的设施，可以选用软质材料，如橡皮轮胎、木料、绳索之类，以避免儿童在游戏时碰伤。此外娱乐设施的个体造型、整体摆放方式应考虑使之成为一组雕塑性的艺术品，为环境增添亮丽的色彩。平时大量的人群聚集在这里，谈天说地、休息、纳凉、候车、读报、放风筝、跳舞等，这里完全成为市民广场，人们平等地在一起活动。

（二）按年龄结构分类

不同年龄的人对环境有不同的要求，娱乐环境作为环境最基本的组成部分，是和居民最为接近的空间，针对不同年龄结构的人，环境设施的设计也应有所不同。

1. 适合老年人活动的娱乐设施设计

（1）老年人的生理和心理的特点：

随着更多的国家迈入"老龄化"时代，许多城市也成为"老龄化"城市，关于老人的居住生活问题也就引起了人们越来越多的关注。

老年人在自身生理、心理上、经济、社会等方面的变化，对居住环境提出了更高的要求，这就要求在居住环境设计时更多地考虑老年人的需求，特别是室外空间，应该成为老年人日常休息、锻炼、交谈的场所。

随着自然年龄的增长，老年人的神经、器官和肌肉组织都有了不同程度的衰老，如大脑变得较为迟钝，对外界的环境刺激反应较慢，视力也开始下降等，许多为成年人准备的环境对于老年人已经完全不适应。另一方面，由于生理上的变化，老年人心理上会有自卑感，这种自卑感又转化成孤独感，因此对外界环境产生厌倦感。正是由于老年人这种生理和心理上的变化，公共环境设施应该充分考虑从设计上去弥补老年人丧失的能力。

（2）老年人娱乐活动设施的设计要点

1）外部环境的设计应能弥补老年人丧失的能力，如通过色彩、质感、空间的变化弥补老年人下降的感觉和知觉能力，通过交往空间的设计弥补老年人产生的孤独感和寂寞感，通过对室外空间进行的无障碍设计弥补老年人身体运动能力的丧失。同时环境设施仍可保留适度的困难，以激励老年人的自信心，维护和锻炼老年人尚存的独立生活能力。

2）娱乐活动设施设计应具有多样性和选择性，满足不同能力的老人室外活动，通过设置不同的设施，形成不同的功能分区。a.老年人散步、聊天、打扑克、下象棋等活动，这是最主要的区域。b.老年人锻炼身体区域，常聚在一起打太极拳等活动。在公共环境中应提供相应的设施，如一些简单的健身设施等。通过这些区域使老年人能适应外部环境和有选择地进行室外活动。

3）娱乐活动设施设计应具有识别性，与外部不同的环境设施应该有明显的差别，特

图4-53 独立式自动取款机的设计

图4-54 组合式自动取款机的设计

图4-55 不同形式的自动售货机设计

图4-56 公共环境中的娱乐设施设计

图4-57 公共娱乐设施的攀爬运动设计

别是各个组团之间。因为老年人的视觉能力下降,容易在小区内迷路,加重心理负担。

4)娱乐活动设施设计应该具有安全性和监护性,保证安全是公共设施设计的基本因素。在布局中应将老年人活动的娱乐活动设施放置在避免汽车干扰的位置，同时老年人的娱乐活动设施设计应考虑到因老人机能衰退而进行无障碍设计，也应考虑到监护丧失一定能力老人的方便性。

5）娱乐活动设施设计应满足老年人对自然景观以及采光、通风的需求。结合小区的各种公共设施，并满足一定的服务半径。一般将老年人的活动区域和儿童活动区域结合布置，应该在组团内集中布置，设置桌椅并考虑遮阳避雨等设施。

2. 满足中青年需要的娱乐设施设计

中青年担负着繁重的工作任务，他们并不像老人和孩子那样每天都利用公共设施，而对公共环境要求较高并且人对各种环境有较强的适应性。他们使用这些环境设施是在工作之余，为了休息、消闲、健身、娱乐之用，中青年人的特点喜好交往又好玩，满足他们使用的娱乐设施应结合他们的这些特点。

(1) 交往空间的设施设计

交往是成年人共同的需求，每天上班时间可以接触别人和了解社会，也又需要和别人互相接触增进感情。有时他们利用午餐这段时间，聚集在公共场所内加深相互间的了解。利用建筑的架空底层和前部的广场形成开放空间，周围设置酒吧、餐厅休闲坐具等，很能吸引周围的青年人到此聚集。与绿化结合能使交往空间的设施具有新的魅力。

(2) 娱乐空间的设施设计

年轻人活泼好动，中年人深沉稳重，他们都需要娱乐空间。舞场、健身房、活动广场是他们经常光顾的地方，因此提供必要的娱乐设施，如室外健身器、娱乐设施、室外广场以及和孩子们共同使用的设施等，能够使室外空间尽可能满足成年人的娱乐要求。还可以创造多个供活动的空间来活跃气氛。

1) 休息设施空间的设计

大多数成年人下班后在室外更多的活动就是散步，需要安静以缓解一天的工作压力，居住区的绿地、街头的小游园、滨水的散步道是他们最喜欢光顾的地方。这类公共设施的设计应满足不同文化层次、不同年龄人的使用，空间应该具有较强的适应性。这样的公共设施，最好选在树木丛生的绿地中，同时散步道应该曲折、流畅，两侧有很好的景观，在一定距离内设置必要的休息设施，也可以利用散步道把各个功能分区联系起来。

2) 运动场地的设施设计

在城市公共绿地中应提供更多的体育场地，一般有排球场、篮球场、羽毛球场和乒乓球台等，还可设置各种运动器械和临时座具，同时注意动与静的结合。

3. 满足儿童活动的娱乐设施设计

在公共环境中使用娱乐设施最多的人除了老人就是儿童，公共娱乐设施为孩子们提供了游戏、智力开发、体育活动、意志和品格锻炼的场所。儿童是国家的未来和希望，公共娱乐设施对儿童的成长有重要的作用，在城市公共娱乐设施的规划中越来越多地考虑到儿童室外活动的空间，甚至一些国际组织也主张创办福利活动设施。儿童享有游戏和娱乐的权利，各种游戏和娱乐必须和教育保持同一目的，社会和主管机关

图4-58 综合休闲、游乐的公共设施设计

图4-59 适合老年人的设施设计

图4-60 健身、娱乐的智力设施设计

图4-61 街头公共休闲设施设计

必须为促进儿童对这种权利的享受而努力。

(1) 不同年龄段儿童的活动特点

1) 小于3周岁的婴儿:开始能在室外独立行走,对外界环境有初步的感知,能记忆有明显特征的周围事物。这段时期主要是由大人抱着或用推车推着,在室外晒太阳或逗留玩耍,稍大的2~3周岁的儿童也可在父母看护下在室外独立玩耍。

2) 3~6周岁的幼儿:3岁以后儿童的体力大大增强,能够独立操作一些简单的游戏。这个年龄段的儿童具有一定的求知欲和思维能力,开始凭直观视察、认识外界环境,这个阶段是属于学前阶段,喜欢进行一些创造性的游戏,如搭积木、作器械活动、掘土、骑车等,由于独立性不强,一般需要父母看护。

3) 7~12周岁的童年:他们已经达到上学的年龄,身体上已经能够接受长时间的行走和游戏,运动技巧和平衡能力增长。智力也有了发展,能够进行简单的计算,具有初步的思维逻辑能力并开始接受社会行为的影响,男孩子喜欢玩球、捉迷藏等跑、跳行为,女孩子则喜欢跳舞、跳橡皮筋等相对较安静的游戏,这一年龄段的孩子更喜欢智力游戏。

4) 12~15周岁为少年:开始进入初中学习,是身体迅速成长的时期,思维能力和独立能力都增强并开始凭思维判断事物。这个时期在室外活动主要是进行一些体育锻炼。

儿童娱乐游戏设施主要是满足3~15周岁儿童在公共环境中的玩耍。

(2) 儿童公共娱乐设施的设计

儿童娱乐设施的设计主要是根据不同年龄段儿童的活动特点而确定的，每个娱乐设施应根据不同年龄段儿童设置不同内容和形式，而且要有特色才能符合儿童室外活动的规律并具有较强的吸引力。

1）儿童娱乐设施的设计原则

① 儿童娱乐设施应布置在大人看护的视线范围内，特别是年龄小的孩子，一般布置在组团绿地中，也可结合住宅入口以及住宅前后的绿地布置儿童娱乐设施。

② 儿童的娱乐设施应该丰富多样，特别是应该布置开发儿童思维能力的设施，色彩应鲜艳以加强儿童对色彩的识别能力。儿童娱乐设施应耐久，同时注意设施的安全性设计以避免各种器械对孩子造成危险。

2）儿童娱乐设施的功能分类

根据不同年龄儿童的使用要求，设施也各不相同，一般分成以下几个类别：幼儿游戏设施、学龄前儿童游戏设施和学龄儿童游戏场。幼儿游戏设施是指满足三周岁以下儿童使用的设施，不要设置较多的游戏器械，器械也应该平滑、简单，尽可能做成圆角，避免儿童碰伤。幼儿公共设施地最好成一单独区域，避免其他年龄段儿童的干扰，可用绿篱、矮墙、灌木分开，场地内可铺设柔软的草坪或沙子，在场地周围应布置成年人的休息设施，如座椅、平台等，以便看护儿童。学龄前儿童游戏设施是指一般满足3~7岁儿童活动的设施，应该以活动器械为主，可布置滑梯、木马、摇车、秋千、攀登架、沙坑、水池、迷宫等，游戏器械可利用废旧物堆砌成。也可以堆砌各种造型的房子，以开发儿童的智力。学龄儿童游戏场是指满足7周岁以上儿童使用的设施，应有一定的规模，主要是体育活动场地和布置适应这个年龄段儿童的游戏器械。因为规模较大，它可以分为运动区、科学区、游戏区，运动区内布置各种球类场地和健身器械；科学区可以布置一些座椅以供学习用，并要多植些树木和花草；在游戏区内可布置的器械有攀登架、迷宫、秋千等。

3）儿童娱乐设施的空间设计

儿童娱乐场的布局受到整个居住区绿地布局的影响，其平面形式因组团绿地形式的差异，可分为不规则形、规则形两种。不规则形的游戏场容易创造丰富的空间，但不规则形的游戏场使孩子们对环境的直观感受降低，识别性也较差。儿童游戏场一般都布置成规则形，有方形、圆形、椭圆形、半圆形等几何形状，加强儿童对游戏空间的感知和认知的能力。

构成儿童游戏场空间的基本要素有铺地、游戏器械、绿地、沙坑、迷宫、水池、绿篱、矮墙、雕塑小品等，也包括四周的建筑物。游戏场的布置应适应儿童游戏，保证安全性、舒适性。空间的色彩、环境的肌理在保证和整体环境协调的前提下，应注意符合儿童的心理特点。在儿童游戏场中游戏器械是空间的核心，器械应集智力性、运动性、游戏性于一

图 4-62　街头娱乐、休闲设施的设计

图 4-63　儿童游戏娱乐设施的设计

图 4-64　儿童水嬉喷泉设施的设计

图 4-65　儿童健身娱乐设施的设计

体,如有的器械可与儿童喜欢的动物、童话故事、寓言、科学常识结合,使游戏场成为开发儿童智力、锻炼儿童身体、培养儿童性格的亲切开放的空间环境。前苏联诺沃利西诺儿童运动场,作者充分考虑到儿童天真、活泼好动的特点,力求孩子们自然地、毫无约束地进入这个近乎于童话世界里。使运动场的设计景观分区明确,结构空间富有变化,形成了具有浪漫主义色彩、幻想和现实融为一体的作品。

(3) 儿童娱乐设施和器械

图 4-66　利用自然环境设计的儿童娱乐设施

儿童娱乐设施为儿童室外活动创造了良好的条件,同时结合场地内的各种器械如摇荡式器械、滑行式器械、攀登式器械、起落式器械、悬吊式器械等,器械是场地吸引儿童的主要设施。场地的器械可以利用废旧物质组成,也可让孩子们自己组合,以鼓励孩子们进行积极创造性的活动。

1) 游戏墙和迷宫是儿童游戏场最常见的设施。游戏墙可以有不同的平面形式,墙高也可变化，上面可以有大小不同的能钻进钻出的圆洞，可让儿童爬、登、钻，以锻炼体力并增强趣味性。迷宫是游戏墙的一种，把它设计成较曲折的图案，高度稍与儿童的身高相符即可，儿童进入迷宫之后，会因迷途而提高兴趣，迷宫也可由树木围合制成。

2）摇荡式器械是指秋千、荡木等能在空中摇荡的器械。秋千可以做成木箱、木板等形状，木板0.5m，架高2～3m，板高距地面0.4m左右。荡木是指两端通过链条连结，能左右摇荡的设施。

3）滑行式器械主要是指滑梯，通过重力作用自高向低滑下，滑梯的形式有直线形、曲线形、波浪形、螺旋形，可以上下起伏改变方向以增强儿童游戏乐趣。有时结合动物造型，如大象的鼻子、长颈鹿的脖子等，落点可结合沙坑、水池等。

4）攀登式器械一般常用木杆或钢管组成，儿童可以攀登上下，在架上进行各种动作，是锻炼身体的重要器械。常用的攀登架每段高50～60cm，由4～5段组成框架，总高约2.5m，可设计成梯子形、动物形、圆锥形，也可结合滑梯设置。

5）起落式器械常见的是跷跷板，用木材或金属作支架，支撑一块长方形木板的中心。支架高约60cm，起落可达90cm，两端可以一人或多人乘坐，应有扶手，也可以和其他器械结合。

6）悬吊式器械是指单杠、双杠、吊环、水牛爬梯等，不宜太高，地面铺设沙子或草地以注意安全。这类设施因技术、体力要求较高，适合于年龄稍大的儿童使用。

儿童游戏乃是一种最令人惊叹不已的社会教育。公共环境中的游乐设施能够使儿童进行积极的、自发的、具有创造力的各项活动，从而对其身心健康成长达到良好的促进作用。不仅如此一些游乐设施也已成为成年人喜闻乐见并经常使用的娱乐工具。从最古老简单的秋千到现代综合性的大型游戏器械，游乐设施正由单一机能向复合性机能发展。

第四节 公共照明设施系统设计

信息时代经济的巨大变革和社会的快速发展，导致城市规模的不断扩大与区域结构的巨大变化，高科技、密集型的"信息"促进了城市多元化经济的发展。城市中各个区域如老城区、高校聚集区、科技开发区、商业区等不断涌现，加快了城市生活的节奏。多样化的都市形态需要有多样化的"细节"处理与管理，如不同区域的公共照明就涉及城市的秩序、安全、有效管理、视觉美等方面的内容。城市的产生与发展给人们带来更多的具有公共性质的活动和对话的空间。由于以往的设施只是以单一功能的人工造型出现于城市的各个角落，至于如何体现城市形象，如何展现其本身的空间价值、信息价值等方面则考虑甚少。又由于城市建设资金的缺乏而不予以重视，使其成为可有可无的设备来点缀环境空间。随着今天人们生活的日益丰富，活动范围的日益扩大，如何满足和顺应社会与城市文化多样性发展的需求，城市交通、照明及管理设施也同样肩负承载并体现区域文化特色、展现区域的人文精神、提高区域的审美趣

图4-67　儿童娱乐设施的组合设计　　　　　图4-68　公共照明设施系统设计

味。在优化"人－自然－社会"的系统中，城市公共环境的规划设计将与城市的建设、时代的发展同步前进。

城市的发展使公共设施越来越多，传统意义上的单一功能的设计已越来越不适应时代社会发展的需要，只有服从于环境的整体规划，既符合环境特性又与时代结合的设计与管理，才能满足现代人对公共空间丰富多彩的物质与精神的需求和时代对有序社会的需要。

随着现代人的夜生活内容日益丰富，夜间活动时间逐渐增多，通宵影院、夜总会、夜市、夜茶等的出现也使夜间外出活动的人不断增多，必然对夜间活动的安全、光照环境的需求越来越高。城市的夜晚不再只有路灯、宅灯与楼灯了，在主要景点处、交叉路口、步行街、商业店面等人流密集的地方，均需考虑在普通照明的基础上增加艺术照明，赋予城市奇特的效果，展现城市迷人的夜风采。现代城市已离不开现代的公共照明系统。

光照本身具有透射、反射、折射、散射等特性，同时具有方向感，在特定的空间能呈现多种多样的照明效果，如强与弱、明与暗、凝重与轻柔、苍白与多层次等，这些不同表现力的照明赋予人们不同的心理感受。室外环境的照明不仅需要考虑不同环境对照明方式的要求，还要考虑灯具的审美效果，即灯具本身的造型。灯柱的布局常具有空间的界定、限制、引导作用，与环境空间整体的视觉效果共同构成一个光环境。欧洲有些小城市的街灯光色柔和迷人，营造一种富有诗意的浪漫氛围。城市照明可分为隐蔽照明和表露照明，隐蔽照明是把光源隐蔽起来，利用反光映照出物体的轮廓，如建筑物的外表造型变化、艺术小品光照下的特殊效果等；表露照明主要以灯具的欣赏性为主，以不同的单体或群体组合形成艺术化的灯具雕塑来美化城市的上空，晚间又能显示独特的光照效果。这种照明设施在设计时应注意：一是掌握空间的形态特征，从不同角度映射，创造出最诱人的效果；其次，光源布置应主次分明，有明暗的层次变化；另外，应考虑多种灯具组合的映射效果，同时还要考虑投光器的位置造成的不同光影效果，以使行人在远处能看清空间形态，近处能看清环境细部。

一、道路照明（路灯、反光灯）

街道照明由实用性逐渐向艺术与实用并重发展。街道照明要考虑光的亮度与色彩、光照的角度、灯具的位置和独特的造型等，即使在白天灯具造型也会成为城市上空不可缺少的点缀要素之一。

道路灯一般从上向下照射以照亮路面，使得地面环境在夜间仍然显得明亮，行人夜晚行走也很安全。其基本要求是对路面的均匀照射，不要引起黑暗死角，为取得这种效果，光源间必须有适当和准确的联系，尤其在拐弯地段更要注意照明的基本要求。街道的照明形式有：

1. 柱杆式照明

适宜高度为3.6m左右。这类照明与路面的关系较密切，损光性小，经济实用且使用灵活，可根据道路类型、道路宽度的变化进行配置，如单侧、双侧对称、双侧交叉等不同方式的配置，形成独特的照明环境。

2. 悬臂式照明

安装高度为7m以上。分单侧、双侧对称、多侧式方式配置，光效率要求高，应考虑路灯的间距、灯源的采用及配置方式。

不同道路有不同的照明要求，应很好地加以控制。严格按照各类道路类型及有关照明标准执行，同时加强道路的方向感和引导性，对街道安全、街道特色的塑造和人们室外空间质量的改善均有重要意义。

二、环境照明（广场射灯、地灯、草坪灯等）

1. 广场环境照明

广场是城市的象征，展现了城市的风貌。现代城市的广场形式越来越多，其文化内涵越来越受到人们的关注与重视。照明作为广场不可忽视的环境要素，不应以单一的方式运用而应使各种照明形式互相配合。根据环境特质、空间结构、地形地貌、植物的尺度、质感等要素，以多样化的局部照明形成整体性的照明效果，更好地烘托广场的气氛，塑造广场特有的个性。如天津银河广场的灯光设计，采用白色、金黄色光源为主照射广场主体建筑——国展中心大厦，并结合过渡色衔接泛光照明，用草坪灯光和东西侧水帘幕灯光烘托天津博物馆，宛如一只待飞的银色天鹅，给人凝重和美感。绿地广场中的庭园式灯饰和绿色泛光照明相结合，与中心广场、喷泉广场中的灯光一起，形成五光十色、流光溢彩的立体灯光群的光环境，使银河广场成为天津市中心一颗灿烂的明珠。

广场照明形式一般有：

（1）高杆柱照明：适合于照射绿地和人们聚集的区域，应选用显色性良好的光源照明。

图 4-69　城市道路照明设施设计　　图 4-70　城市园林照明设施设计　　图 4-71　城市公园照明设施设计

（2）中杆柱照明：照射广场周围的环境，一般是扩散型灯具的泛光照明，以白炽灯的温暖色光为宜，创造一种亲切的氛围。

（3）低杆及脚灯式照明：应用于绿化区域、坡道、台阶处，设置90cm以下的低杆灯，光源低、扩散少，易于营造柔和、安定的环境，使植物树丛产生明暗相同的光照效果，别具一番情趣。

（4）环境小品的装饰性照明：主要起衬托、装点环境和渲染气氛的作用。如在广场中的雕塑、喷泉、纪念碑等环境设施周围给予恰当的投光照明，尤其以隐蔽式照明为主，以光照映照出物体轮廓，有力地表现其文化特质。以不同的单体形式或群体组合，营造夜间独特的灯光景观，这些灯具在白天以艺术小品形式出现在城市的环境中。

在考虑投光照明时还应考虑被照射物表面材质的反射率及与周围环境产生的明暗关系，无论采用何种照明形式，公共照明都需注意，一是对场地性质的把握；二是对动态的人员、车辆活动、静态的地面的铺装与绿化的把握；三是对建筑和所有被照物体的研究，以及与周围景物的协调关系。

2．休闲环境照明

现代城市中的自然景观越来越少，城市居民已经厌倦城市的喧哗与拥挤，想投入大自然的怀抱，享受大自然的阳光、空气与鲜花。人们注重在城市的人工景观中重现大自然的美景，运用象征、融汇、借景等手段，利用点、线、面的空间布局塑造自然休闲的活动区域，在有限的空间中让人领略大自然给人带来的清新愉悦的美感，为人们的户外活动创造良好的休闲环境和文化氛围。园林休闲区的照明设施与其他设施一起，如绿地、花坛、喷泉、壁雕、服务设施等，共同组成尺度适宜的小环境，为人们提供休息、娱乐的场所，不仅为人们提供照明，同时还满足人们精神的需要。

园林休闲区的照明应根据不同功能配合不同的照明方式，重点景观重点规划，偏僻角落的照明也要予以重视，以体现整体的照明气氛，如绿地的照明宜采用汞灯、荧光灯等泛光照明，保持夜间绿地的翠绿与清新。合理、科学地组织光源也尤为重要，如

第四章　公共设施与环境设计的分类

表现树木时应采用低置灯光和远处灯光的结合。重点景区可以利用灯具配合泛光照明，并考虑灯具的照明特征以及灯具对整个环境空间形态上的影响，灯的照度、亮度与光的方向都要根据生态空间进行布局，以免过多的照明形成"光污染"。灯杆的高度应和树木的高度结合考虑，使灯光更富有表现力，以提升园林空间的品质。

三、装饰照明（广告灯箱、霓虹灯等）

1. 氛围照明的渲染

商业街是人们购物、娱乐等的重要场所，也是社会信息传递最敏感的地方。商业街的照明随科技的发展、社会的进步不断得到创新，它以繁荣商业文化为前提来表现社会的活力，同时也保证了人们的需求也提高了环境的美感。商业街的照明对光源的选择很讲究，因为它涉及商业建筑、公共设施、商店招牌、广告宣传等的照明。在某些传统的商业环境中，有些现代的公共设施常与周围的环境不协调，这就需要在形态设计中充分考虑环境因素，无论是传统风格还是简洁朴实的现代风格，都需使其融入环境，避免喧宾夺主。如路灯等照明设施，对周围环境具有较大影响，这就更需优化设计以减少对环境的破坏，将电线埋入地下，电杆的形式处理尽量采用木材、铸铁等材料，精工细琢以与环境和谐。对于一些已过时但仍可利用，与周围环境密不可分，又有较高文化价值的公共设施应予以保留，当人们解读它们时，便会在怀旧中得到某种程度的认同。根据商业街的传统特色和区域特点，选择与商业街和谐的照度、色温度、显色性较高的光源，营造特定的人文氛围是商业街照明应注意的。商业街的照明形式有三种：

(1) 固定式、悬挂式照明：固定式灯具采用一定的形状、一定的距离；悬挂式灯具多用于建筑的四角，显示建筑的轮廓和增加建筑的装饰性以构成整体的空间氛围。

(2) 投光照明：应用于建筑表面的有一定角度的照明，以呈现建筑表面凹凸立面的变化，并给建筑群体一定的色彩，形成统一的色调，有效突显夜间建筑的美感，渲染商业环境的氛围。投光需要安放灯罩或格栅以避免眩光，一般放置在比较隐蔽的位置。

(3) 霓虹灯和挂灯式的装饰性照明：各种霓虹灯沿建筑轮廓边缘或商店招牌、广告牌边缘进行设置，可突出建筑形体，也可以突显商业信息，营造热烈、活泼的夜环境，光照会使商店内外的各种物品闪烁出一层光亮的效果，显得生机勃勃。

2. 照明灯具的造型

灯具照明指在环境空间中利用灯具的造型、色彩和组合，以欣赏灯具为主的照明方式。灯具照明能改善环境效果，强化夜间视觉景观，创造点状的光环境。照明灯具设计应注意以下两方面事项：

(1) 合理布置：灯具照明设计中合理布置灯具的位置十分重要。灯具在夜间会成为惟一的视觉焦点，其位置决定了夜间整个环境、形态的布局形态。例如，上海杨浦、南浦等黄浦江大桥，均采用点状照明形式，由于位置适合、间距相宜，远看如璀璨明珠，在夜间将大桥雄姿勾勒点缀得十分壮观、神采飞扬。

(2) 灯具的表现力：灯具本身应具备较强的表现力，表现在造型上可以和水

图4-72 广场环境照明设施设计

图4-73 高杆柱照明设施设计

图4-74 中、低杆柱照明设施设计　图4-75 装饰照明设施设计

图4-76 固定式照明设施设计

池、雕塑、建筑和景观等紧密结合。1977年，以贝聿铭建筑师事务所为首的景观设计公司及照明顾问公司所组成的设计师们，为美国丹佛十六街进行设计，核心内容为地面、植栽及灯光。这是一次整体性的策划实施，三角状水母灯在铝罩内部设有上下照的石英灯，不单照亮了地面也往上照亮了树木；围绕铝罩的类似圣诞树的小灯，被罩在透明圆罩内；还有安装红绿灯的三角铁盒子。这是一种集功能、安全和节庆为一体的灯具设计，更有意味的是，铝罩内下照的光经过三角铁盒子，在地面形成的三角阴影，构成虚实相生、境界错综、明暗相宜、适人心怀的照明环境。

图4-77 与景观协调的照明设施

第四章 公共设施与环境设计的分类　161

第五节　公共环境交通设施的设计

围绕交通安全方面的环境设施多种多样，目的也各不相同。由于交通工具的多样性，产生了行人与交通工具的各种不同的连接点。从中心城市向卫星城市延伸，随之而来的是交通越来越繁忙和各种交通工具的发展，如公共汽车站、自行车停放处、候车亭、让路设施、人行天桥、城市交通环境中社区的管理亭、街头巷尾的城市便民服务设施等，在城市中这些交通安全类的设施不仅实用，而且对城市的美观也起着很大的作用。它们不仅能改变城市街道的混乱局面，还在细节上给人亲和的形象感受，使其在城市形象的塑造增添活力。

一、公交车站、地铁车站

公交车站、地铁车站的候车廊与候车亭是城市文明、城市经济发展的一面镜子，有人说评价一个城市的文明与经济发展水平，只要看看人们的候车环境即可。作为公交系统的节点设施，保障公共汽车的顺利停靠，人们轻松的停留以及保证人们上下车的安全很是关键。由于乘客的流动性大，在候车廊及候车亭停留时间不长，改善候车环境，强调人性化的设计，创造方便、简洁、快捷的环境非常重要。目前的公共候车环境还存在许多明显的不足，如遮风避雨设施的不足、座椅的缺乏、语音报站或电子显示系统的缺乏等。

1．候车廊与候车亭功能的设计要求

候车廊与候车亭的功能主要是遮风挡雨，无论欧美国家还是亚洲国家都将这一功能列为第一位。候车廊与候车亭顾名思义是乘客等候公共汽车的地方，因此要划分和预留其应有的空间范围，有条件应增设一些供乘客短时间休息的公共座椅。这类候车廊与候车亭的座椅一般有坐与靠之分，所谓座椅即可以完全坐下的椅子，而靠椅是可以站立倚靠，方便候车人作短时间休息。这类椅子体量较小，适宜空间较小，一般在人流较多的候车亭使用。路线标识是候车环境不可缺少的功能，每个候车廊与候车亭除有自己的站和过往公交车在本站停靠的车次标牌外，还要有车次上行与下行的站名、目的地和发车始末时间，标识应十分清楚、明了。还可以在路线标识处增设电子信息站牌、自动报站系统、时钟等，向候车人预告即将到站的车次与时间，十分方便。同时还应铺设盲道以满足残疾人的需求。

2．候车廊与候车亭设计的造型要求

候车廊与候车亭的设计在造型、材质及色彩的运用上要注意易识别性，按交通站点要求设置，并处理好与城市、区域特色与个性的关系，还要保持与其他设施之间形成合理布局。由于候车廊或候车亭顶部的遮篷面积较大对环境有很大影响，所以造型应力求简洁大方并富有现代感，同时还要关注其俯视效果与夜间的景观效果，使其最大程度地与所在地环境融合。候车廊与候车亭一般采用耐腐蚀、耐破损、易于清洗的材料，大多以不锈钢、铝材、玻璃、有机玻璃等为主。候车亭的设计还应采用环保、节能的材料和能源，如太阳能低压供电系统等，以顺应国际上对公共设施环保的观念。所设候车廊的长度一般不超过标准车长的1.5～2倍，宽度不小于1.2m。在满足功能的前提下，造型独特的候车廊与候车亭能够成为环境的亮点，非常引人注目。在公共交通枢纽中心、始发站等还需设售货亭等其他配套设施以方便乘客。

图4-78 公共环境交通设施的轻轨车站设计

图4-79 公共环境交通设施的汽车站设计

图4-80 公共环境交通设施的地铁车站设计

图4-81 公共交通设施的封闭式候车廊设计

候车廊与候车亭的造型主要分为两类：

(1) 半封闭式

主要特点是从一侧或两侧的顶棚到背墙均采用隔离板与外界分隔。在隔离板面上可配以公益广告或海报，增加环境的繁华与文化的气息，或附上交通方位图，方便乘客确定自己的位置。还可以采用通透的玻璃，使乘客能清楚看到四周环境的变化，但又不受风雨的干扰，或者中间设有隔断，乘客能自由穿行。多样化的板面产生多样化的设置，丰富候车环境。面向车道的前侧空间一般不设隔板，方便乘客上下车及查看车次。小型的候车亭内设有休息座椅、车站牌以及其他的公共设施，空间划分很明确，这种类型在欧洲多见，除体现其防风挡雨的功能外，更体现了其人性化的设计。

(2) 顶棚式

主要特点是车亭四周通透，仅有顶棚和支撑顶棚的立柱，立柱之间设有座椅或广告牌。这类候车亭的优点是通透方便查看，尤其是在上下班人流多、车次多、街道窄的情况下，这类候车环境较为适用。

二、隔离带、路障设施

路障设施是防止事故发生、加强安全性的设施，如阻车装置、减速装置、反光镜、信号灯、护栏、扶手、疏散通道、安全出入口、人行斑马线、安全岛等。大多数室外环境由于车辆的增加都需要避免意外事故的发生，在各种公众场所中，人们需要安全、平和的环境，保证人们的安全便成了首要的问题。这些安全设施的示意功能较强，可以通过明确的造型显示或通过强烈的色彩加以警示，以提高人们的安全意识。

设计师不仅需要考虑公共设施设计的安全性，还要让人们感觉这些设施的可信与可靠。城市公共环境具有多样性，如天桥、地下通道和为了烘托主题（主要景观）在地面上设计的平台等。道路的台阶是引导人们前行，也是设计师需要精心设计的主要部分，如上下台阶的扶手、沿边的扶栏与坡度通道等，这些对老年人与残疾人来说尤为重要。

路障设施分固定和可移动两种。在重视功能的同时也要考虑形态创造的景观效应并起到"添加"的作用。如欧洲国家带链条的护栏将人行道和马车道分开，把以线状为主的空间处理成虚式屏障来分隔人、车的通行路线，这种处理能产生柔和的空间分隔并易于环境产生整体感。但有时也有不尽人意的地方，如有些人行道上设有护栏，其内侧还有其他电线杆等设施，常因道路本身的狭窄给行人带来不便，又影响城市的景观。在马路中间设置护栏可以划分来往车道或防止行人乱穿乱行，然而护栏如果设置过长会导致人们违规现象的出现。护栏造型与色彩的设计直接影响道路景观，如果设计过于简单会显得呆板，能与周围设施、建筑风格等相协调，则能创造悦目的效果。由于这些设施均带有警示的性质，因而会使人感觉冷漠，不妨将设计稍加改动，为路人增添几分乐趣也使之充满人情味。护柱也是一种止路设施，其形态来源于船的系船柱，经常出现在交通十字路口、街口处和城市步行街。由于行人与车公用道路的增多，不同几何形态的止路设施也越来越多地出现在各类街道的景观中，并能给步行者带来一定的安全保障。作为止路设施护柱的高度一般为70cm左右，间隔为60cm左右，但需留出残疾人出入的空间，一般按90~120cm的间隔设置。为方便轮椅的往来，止路设施前后需有150cm左右的活动空间。

止路设施的造型、色彩、材料与设置场所、间距都应根据特定的环境加以精心的设计。在机动车常出现的场所应选择一定强度的车挡，其结构造型应与周围环境相协调。街心花园或街边咖啡座椅的护栏具有一定的商业性，因而会出现更多有个性的设计，可以营造一个供人们交际娱乐、休闲的场所，同时也丰富了区域的空间面貌。

三、车辆停放、加油站设施设计

1. 自行车停放设施

对我们这样一个自行车大国来说，自行车停放设施应该受到重视，然而长期以来，自行车的停放一直困扰着城管人员，原因是多方面的。主要原因是：

① 对自行车停放设施设计的不重视。有关部门没有将其当作城市公共设施中的重要组成部分加以考虑，对涉及大众切身利益的停车问题视而不见，甚至漠不关心。不重视表现在停车地点规划不当甚至不予考虑和投资不足等方面。比如自行车停放设施挤在本已狭窄的街道上，会使街道更加拥挤。部分人以为随着其他交通工具的发展，自行车会自然消失，作为一种历史悠久的交通工具，自行车的便捷、环保与健体作用，使得自行车在现阶段不仅不可能消失还可能有所发展。

图4-82 公共交通设施的开放式候车廊设计

图4-83 公共交通设施的悬挑式候车站设计

图4-84 公共交通设施的隔离带设计

图4-85 公共交通设施的路障设计

图4-86 公共交通设施的通道护栏设计

图4-87 公共交通设施的止路设计

② 自行车停放设施缺乏优秀的设计，大多形式单一、简单而不实用。表现在自行车取放的不便或不利于有序地停放，停放自行车的人也没意识到停放的有序，从而影响整体的景观。我国是世界上自行车使用最多的国家，是人们上班、上学的代步工具，它的停放自然也成了一个社会问题。自行车的乱停乱放使环境杂乱无章，因此应在一些大型的商场、广场、影院、地铁、轮渡口等周围设置固定的自行车停放点，除方便人们的取放外还会对街道环境起美化作用。

2. 自行车停车设施的形式

① 固定式的停车柱，即将固定的柱式自行车停放设施支撑架埋入地下，以加强其

牢固性。这类停放设施一方面可以停放自行车，另一方面由于固定在地面还可作为止路设施使用。

② 活动式系列停车架，即整体可移动的自行车停放设施。重复连体成系列，略显笨重；但便于移动。这类自行车停放设施在举办大型活动时，可以随时搬运组装形成暂时性的自行车停放场。

③ 简易单元体的停车设施，多为一些小商店为方便顾客停车而临时摆设在商店门口的装置。其优点是可以随时搬进店内存放，轻便灵巧。

④ 依附于扶栏等其他公共设施上的连体停车架。其优点是占地面积小，而且简洁的设计能与环境更好地融合。

自行车的存放一般置于道路边、公共环境或住宅小区等的集中存放处，有的还附有遮篷设施，而有些仅为临时停放点。欧洲不少地区与国家对自行车停车设施的设计相当重视，他们常聘请设计师做大量的调查与试验工作，设计许多形式多样并与环境融合的自行车停放设施。

公共设施不仅要考虑功能，更要体现效益，如自行车的停放就需要考虑对占地面积的有效利用。停放方式的设计除平面式存放外，还可采用阶层式存放。停放设施的设计更是各式各样、各具特色。平行式存放与道路呈90°，一车辆占地面积约1.1m^2，一般约0.6m间距存放一辆车。斜角式存放与道路是呈30°～45°，一辆车占地约0.8m^{2}左右单侧段差式存放，设置前高后低的车架，前轮离地约0.5m左右，一辆车占地面积约0.78m^2。双侧平置存放，两侧前轮对叉式存放较省面积，一辆车占地面积约0.99m^2。双侧段差式存放，形成上高下低的形式，一辆车占地面积仅为0.69m^2。放射状式存放，只要确保停车周围有适当的流动空间，存放的车辆便会在空间中形成整齐美观的圆形或扇形，给人亲切感。

停放设施的构成形式也可多样化，如用预制混凝土制成鱼钩似的斜槽，自行车前轮可插入凹槽内既安装简单又无直立柱子影响视线；围绕树木的铁护栏，自行车斜放直放均可；还有各种造型的铁质支撑架，给空间带来有序与节奏。停放设施虽貌不惊人，然而改善它的设计却能营造文明的环境，规范和引导人们的行为。

3. 汽车停车设施设计

汽车停车场的设施、治安岗亭、高速公路的收费亭都是城市管理运作必需的设施，根据特定需要而设置于各场所中。各类管理设施作为独立形态的环境设施，既具有建筑物的特点，又能与街道环境相协调，其基本形态应与较为类似的售货亭相区别，显示各自不同的功能特点。停车场管理亭设计体形一般较轻巧或是简洁的几何形组合，色彩较柔和，其设计应与周围建筑、设置场所的特征、周围景观等协调统一。公共交通起始站的管理亭或游乐园收费的亭等，都应通过合理的规划布局，以明确的造型获得公众的视觉识别，提升场所形象。

(1) 汽车停车场的分类

一般分地上停车场、地下停车场、多层停车场等，地下停车场与多层停车场的坡

图4-88 公共交通设施的自行车停放架设计

图4-89 公共交通设施的自行车停放锁架设计

图4-90 公共交通设施的固定式停车柱设计

图4-91 公共交通设施的简易式停车栏设计

图4-92 公共交通设施的汽车停车点设计

图4-93 公共设施的汽车停车场设计

图4-94 多功能的汽车停车设施设计

道和出入口是汽车进出的惟一通道，也是其重要的组成部分，在停车设施的面积、空间、造价等方面都占有相当大的比重，同时应设有反光镜、地面摩擦条等来增加车辆的安全性。坡道的类型主要有直线和曲线坡道两种，主要是满足进出车的速度、数量和安全的需要。多层停车场除水平交通外还有垂直交通，在垂直交通方面又可分为坡道式和机械化式(电梯式)的运输方式。

(2) 汽车停车场设计的基本要求

① 汽车车位是根据车型的大小而定，前后左右均留出一定的空间和余量，以便保证上下车时车门的开启、行驶、调车之用。每辆车所占的面积为小轿车标准车位尺寸长8m，宽3.7m；摩托车标准车位尺寸长2.5m，宽1m。

② 汽车回转的轨迹，汽车在弯道上行驶时，它的前后轮及车体前后突出部分的回转轨迹将随着转弯半径的变化而变化，因此在计算弯道宽度的设计时要加宽。

③ 车辆停驶方式：

a. 平行式停车方式：平行式停车所需停车带窄，在设置适的当通行带后，车辆出入方便但每车位停车面积大。

b. 斜列式停车方式：斜列式停车对场地的形状适应性强，出入方便，但每车位占地面积较大。

c. 垂直式停车方式：垂直式停车所需停车带宽度大，出入所需通道宽度也大，但停车紧凑出入方便。

(3) 市内机动车公共停车场须设置在车站、码头、机场、大型旅馆、商店、体育场、影剧院、展览馆、图书馆、医院、旅游场所、商业街等公共建筑附近。其服务半径为100~300m，停车坪多采用混凝土钢性结构。

公共停车场用地面积均按当量小汽车的停车位数估算，一般按每停车位25~30m^{2}计算。公共停车场的停车位大于50个时，停车场的出入口数不得少于2个；停车位大于500个时，出入口数不得少于3个。出入口之间的距离须大于15m，出入口宽度不小于7m，出入口距人行天桥、地道和桥梁应大于50m。

停车场内部要根据车型、停车性质和停放形式进行布置。场内的交通路线采用与进出口行驶方向一致的单向行驶路线，进出口须有停车线、限速等各种标志和夜间显示装置。同时要综合考虑绿化、照明、排水等设施。

4．加油设施设计

(1) 加油站的油罐应采用地下卧式油罐并直接埋没，甲类液体总储量不超过60m^3，单罐容量不超过20m^3。

(2) 储油罐上应设有直径不小于38mm并带有阻火器的放散管，其高度距地面不应小于4m，且高出管理亭不小于50cm。

(3) 汽车加油机、地下油罐与建筑之间如设有高度不低于2.2m的非燃烧体实体围墙，其防火间距可适当减少。

(4) 加油设施的标志设计及加油机的造型要符合国际标准，做到节能、安全、防冻、防高温等。①在操作手柄的设计上，要有防滑的措施，如增加防滑套、设置凹凸槽等，来加强操作的便利性；②加油机显示油量的视屏设计，要在人视觉最佳的位置，上下范围不超过60度。同时对数值的字体显示要醒目，大小比例要与整体谐调统一；③加油机的色彩要具有特点而且纯度高，以突出其位置，便于车辆加油时提前定位；④进口与出口的引导标示要有次序，以免影响加油工作的效率。

图4—95　临时汽车停车设施设计　　图4—96　多功能停车设施设计　　图4—97　车辆加油设施设计

图4—98　公共设施的自动售票机设计　　　　图4—99　公共设施的自动打卡机设计

四、自动售票机及打卡机设施

　　目前各种不同类型的交通及不同类型的停放方式不断增多，以往只是公共汽车、电车等，而今磁悬浮列车、地铁、轻轨、小汽车等均成为人们出行的交通工具，以往只是人工售票，而今大多采用自动售票机和打卡机。人们交通方式、行为方式的改变促使了消费及服务方式的改变，街头巷尾的自动售票机方便人们购票，大型停车场所的自动打卡机使汽车停靠与结算更为自由方便，地铁候车厅内的柜式机让人们按不同的票价及时得到所需的车票。

　　自动售票机及打卡机在我国虽不多见，但必然会不断发展，成为人们出行方便的公共设施。对它们的设计同样应予以重视：一是标识应醒目，晚间要有灯箱显示，使人们在需要购票时及时发现目标；二是注意操作界面信息的清晰，文字、按钮、插卡口布局要符合人的视线流程与操作习惯，使各个层次的消费群体都易于识别和操作；三是作为一个城市或一个区域的公共设施，管理部门应在尽责保护、维护的同时，将其作为环境空间的亮点予以重视，无论是造型还是色彩，都需与环境相协调。

凭借高速的现代化交通工具可使人们出行的途径越来越广，而公共设施也越来越完善。特别是高速迅捷的各种信息、交通媒介的出现，地区间的差异明显地缩小了。这是经济全球化的必然产物，能够激发人们的公众责任感和自信心，易于形成融洽、稳定的社会关系。其次，在环境中体现人们的思想、意识、文化并使之得到延续，有助于保持环境的特色，增强环境的魅力，丰富公众的生活内容。

第五章　城市管理及无障碍设施的设计

第一节　城市管理设施的设计

城市管理系统中的电线柱、消防栓、排气管、配电房等各类设备、环境设施既属于不同部门的管辖,又同属城市环境系统的管理,它们支撑着社会的整体活动。随着城市的发展,城市中作为管理的功能设施种类越来越多,但在设计上却远远滞后于公共环境的发展。各个城市管理部门各行其道,各自按自己的要求设置布局,这必然会影响城市的整体环境。只有在城市、区域规划的初始阶段便考虑环境管理的各个环节,进行优化设计与管理,才能体现真正意义上的城市管理系统,才能给人们提供安全、卫生、便利、舒适及优美的环境。

一、公共消防设施

自古以来人们都有消防的意识,只是古代的民宅和建筑前的"消防"设施是水桶和砂箱,而现代的"消防"设施是消防车、消防栓和灭火器等各类设施。消防栓是室外环境中主要的消防设施,可以设置于地面上,也可以埋于地面下。设置于地面上的消防栓出于保护、耐用和使用等的考虑,一般采用金属材料,约100m间隔距离设置一个,高度约75cm,为使其具有标识性可采用较规范的柱型。出于融入地域性的考虑,也可以采用新的造型、色彩与地域环境相结合,甚至有的地方将消防器材融入室外的景观中进行设计,改变了以往消防栓刻板简陋的面貌,令人耳目一新。埋设型的消防栓,为的是不影响道路及周围的景观,以金属材料为主,其铁盖与地面铺装材料统一设计。有的大型建筑甚至将消防栓设置于建筑墙体内,使消防系统成为建筑不可缺少的一部分。随着城市的发展,人们消防意识的加强,消防设施的设计将受到更多的关注。

灭火器是常见的小型消防器材,过去常常挂在墙壁上,现在作为公共场所不可缺少的设施,设计师也令其与公共环境融为一体,既显眼又不呆板。安放时需注意标识的明确,使其在与环境协调的同时又容易被人发觉,紧急情况下易于拿取。

二、排气口及管理亭

1. 排气口设计:是指排出建筑内废气的装置。随着城市高楼大厦的不断出现,排气管道、排气口也相应不断出现。它曾是公共环境设施的附属品,设置得非常简陋,甚至根本没有设计,而今,它却成了公共环境设施系统的元素,是公共设施中值得重视的设计项目之一。

大型建筑、地下广场、地铁等的排气口与城市中的水塔、罐体、冷却装置等,由于所占空间大、功能性强,通常给人粗、硬、笨、重的感觉,是城市管理系统中难以处理的部分。排气口仅仅作为一种功能的形态出现在公共环境中,像以往那样简单粗陋的形象已不受欢迎。随着观念的更新,排气口等如何进行艺术化处理,如何使其成为城市景观的一部分已成为新的课题,这主要在于公共设施设计师的精心设计与布局。

排气口的设计应注意:

① 将排气口设计得与周边建筑和景观相协调。所谓协调,即在形态、色调等方面与建筑和周边环境不冲突、不矛盾,并产生呼应与统一。其次,对于体量大的构筑物通过淡化处理,亦可改变其外观,从心理上缩短与人们的距离。

② 强调排气口的特色。在排气口的造型、色彩方面加以突出,以夸张的构成形态、夸张的色彩来打破单调的街道空间。当把排气口作为环境艺术融入城市的总体形象中时,就为城市增添了时代的、地域的、可识别的、象征性的艺术符号,成为环境中的视觉焦点,其独特性在与建筑产生的对比效果中相得益彰。

2. 管理亭的设计:现代城市的迅猛发展,出现了大量的管理亭、收费亭等公共设施。公共环境中常见的管理亭主要有下列几种:住宅小区的岗亭、街道上的治安岗亭、交通停车处的收费亭、公交车总站管理亭、高速公路的收费亭、旅游观光景点的售票亭、街道保洁亭、公共场所的售票厅、休息场所的门亭等。它们必须具有该区域建筑与景观的特点,作为公共环境中独立出现的管理设施,既要显示其有效管理的功能特点,又要具有其亲和力。

管理亭的设计应以人为本,不能成为孤立的设计要与小区规划、景观特点、人们爱好相关,不能作为独立的构筑物来处理。简单的临时搭建已为城建管理部门所不容许。管理亭的大小视人员多少而定,根据其使用目的和要求可大可小,最小的为一人立位,一般空间为 $2\sim3m^2$,可放座椅等简单家具,如需在亭内设置其他附属设施(空调、休息椅、饮水器等)其体积可适当扩大。高速公路的收费管理亭一般容纳 2 人,长约 3.5m、宽约 2.2m、高约 2.5m。

三、路面盖具设施的设计

随着现代城市的不断发展,原有竖在街道路面上的纵横交叉的电缆线路、输送设施逐渐转向地下,利用地下空间进行线路管道的安装。由于地下管道不仅有电信部门的线路,还有供气部门、供水部门的管道,各种管道错综复杂、大小不一,构成了立体型的网状框架,导致路面盖具也随之增加。而这些盖具又由各个部门、各个单位自行进行安装,路面盖具的大小、材料、形态等各不相同,配置又缺少秩序化,从而造成街道路面的杂乱无序。为此在城市区域规划中或旧城改造工程前就应协调各部门间的关系,尽可能统一安排、统一设计盖具的规格及造型,以使路面盖具在表现区域景观特色上与地面其他环境设施相协调、相搭配。

路面盖具是城市管理设施中的一部分,它的基本形状一般为圆形、方形和格栅形,以铸铁为主要材料,也有与路面铺装材料统一的盖具,其规格大小、造型纹样各异,对街道、广场等公共场所的路面景观会产生很大影响。从其功能形式上来分,主要可分为:

1. 路面管道盖具

作为路面盖具设施,有埋于地下的消防栓坑口盖,有排除雨水等下水道盖,有输送水、电、煤气等管道检修口盖等。路面盖具设施的设计主要满足两点:首先是市政管理员在检修、维修、更换、抢修时方便开启盖具与进出管道;其次是为防止路面盖

图5-1 消防栓设计

图5-2 公共设施消防栓的设计

图5-3 公共设施的排气装置设计

图5-4 通风装置设施设计

图5-5 公共设施的管理亭设计

图5-6 公共管理设施的交通岗亭设计

图5-7 公共管理设施的路面管道盖具设计

图5-8 公共管理设施的树木护盖设计

具被盗，应设有一定的简易的专用锁定装置。路面盖具被盗而引发安全事故的情况时有发生，这不仅涉及城市管理，更涉及公共环境中人们的安全。在使用材料上，如有与金属结合使用的花砖地面盖具等，现代新型的替代材料也层出不穷，但需要注意盖的收口与地面的关系，尽量使盖具纹样与地面铺装纹样统一和谐，或通过与地面铺装的对比强调路面盖具，便于识别与管理。

2. 人行道上树木根部的护盖具

现代城市经常在步行道、广场等处树木的根部设保护设施——护盖。由于气候原因，为越冬的珍贵树木挡风避寒，以保护城市的绿色资源，其设施应作为城市管理的课题进行研究。根据特定区域的特定环境将护盖塑成一定的风格与形式，既保护树木正常越冬，又使树木根部免遭破坏，还能起美化的效果。护盖大小一般根据树高、胸径、根系所需有效的树池大小而定。这类护盖有用花砖贴面装饰的，也有用铸铁铺装的，其特点如下：

① 多块组合，一般分为2块或4块，在安装现场电焊合成。由于电焊合成不易被盗，故无需设计锁定装置，但要与地面持平，防止行人被绊倒。

② 其大小由各地市政绿化部门根据保护树木的对象确定，同时考虑与周边地砖的衔接。护盖上的图形灵活多变，可根据区域环境的特色进行不同形状的装饰，使路面产生多变的效果。一般铸铁花纹不宜过密，以便让雨水能渗入树木的根部。

第二节　无障碍环境设施设计

障碍是指实体环境中对残疾人或能力丧失者造成的不便、不能使用的物体和不便或无法通行的部分与区域。无障碍设计(bwher fine design)是为残疾人和能力丧失者提供和创造便利行动及安全舒适生活的方便的设计。

残疾人和能力丧失者的居住、生活、行动和环境问题是世界范围普遍遇到的社会问题。西方发达国家在无障碍设计方面已取得令人瞩目的成就，并制订了有关无障碍设计的条款规范，目前世界上已有六十多个国家实行了无障碍设计标准。美国从20世纪80代起就注重立法与标准的工作，1986年由联邦政府正式通过的"建筑障碍条例"是美国最早的有关立法。它原则上批准了残疾人和能力丧失者能在政府投资兴建的公共建筑和设施中方便通行的权益。各种具体技术标准和措施由国家、地方和民间标准协会拟订出推荐建议，随后由各级政府部门协调确立有关技术法规。社会各界的专业协会、劳工组织、残疾人团体等联合组成的美国国家标准协会，负责协调各行各业对建筑技术和有关工业公共设施的各种要求，制订解释宣传统一的国标。1986年，美国正式通过了"税收调节法"，对已建工程进行无障碍技术改造实行优惠和鼓励。

目前众多高等院校已专门设立无障碍技术课程，进行残疾人专用住宅、无障碍设计理论基础、交通运输、公共设施设备设计和新技术开发及评价等课题的研究。法国的专业协会和学术机构还积极举办无障碍设计大奖赛，美国的无障碍技术基础研究工作是由政府专项拨款的，纽约州立大学从事无障碍技术研究工作已将近20年，进一步推动了无障碍设计的发展。

70年代以来，日本吸取了西方先进国家的经验，现已逐渐摸索出一套适合日本国情的实施方法。有关人士认为，只有最大限度地发挥和延长残疾人和能力丧失者生活自理的能力，才能从根本上缓和因老年人口增长造成的抚养系数日益增大的矛盾，减轻部分只有半自理能力的残疾人和能力丧失者给家庭、社会带来的负担。

图 5-9 公共设施的无障碍设计　图 5-10 公共电话的无障碍设计　图 5-11 公共厕所的无障碍设计

一、公共设施无障碍设计的主要内容

(一) 公共服务、休闲设施的无障碍设计

1. 服务台的无障碍设计

公共环境中的售票、问询、出纳、寄存、商业服务等柜台既要能与使轮椅活动者正面接触，又使其尺度适合，一般柜台桌面高度值控制在 73~78cm 之间。公用电话台板下部应留出适当的空间，并可将号码盘的垂直面略微上倾，便于使用者使用。柜台靠人体的外侧端部，可处理成半圆或带点圆的形状，以起到保护人体的功效。

2. 轿厢的无障碍设计

电梯轿厢应有足够的空间使之至少能容纳一部轮椅及另一位乘客。无障碍轿厢内按钮应比普通按钮约低 40cm，若有条件，最好能安装盲文符号控制开关，并在电梯轿厢内装置播报所到层数的音响器。轿厢内可安装镜面玻璃，使残疾人和能力丧失者不用转身即可看清身后电梯层数的指示灯。

3. 卫生设施的无障碍设计

厕所是残疾人和能力丧失者事故性死亡的多发区域，事故率往往高于其他地方。在公共厕所内设置残疾人和能力丧失者专用厕位时，应以设置在终端为好，这样可减少专用厕位被正常人占用的可能性。专用厕位应考虑陪同者的协助、轮椅的回转空间和各种方便的抓握设施等，如两边墙上的扶手、顶棚悬吊下的抓握器，还有专门的淋浴坐凳、盆浴提升器、手推脚踏冲水开关等。地面铺设的材料要求用防滑材料。

卫生设施的设计应充分考虑残疾人及老年人的如厕问题。公共厕所应设有残疾人厕位，厕位内应留有 1.5m × 1.5m 轮椅回转面积；当厕位间隔的门向外开时，间隔内的轮椅面积应不小于 1.2m × 1.8m；厕所门口应铺设残疾人通道或坡道。随着对残疾人和老年人室外生活的日益重视，为残疾人和老年人开发设计的无障碍设施将越来多。让他们融入健康人的社会生活中，是全社会的共同心愿。

4. 休闲设施的无障碍设计

长期以来，设计师是按照正常健全人的标准和生理条件设计公共设施的，这种公共设施与室外环境对残疾人和能力丧失者构成了生理上的障碍和精神上的障碍。因此，公共设施设计师必须考虑到残疾人和能力丧失者特殊的生理、心理特点，在设计与他们生活密切相关的公共设施设备时，其尺度问题就值得重视，如衣柜不宜过高，以方便取放；沙发、坐椅及卧床宜稍为宽大，尺度可略高，以利起坐。还应予注意的是，沙发不宜过软，坐椅不宜过硬，床沿四周宜包覆软体材料以免碰伤人体，若有条件能使用调节床则更为理想，少用或不用钢塑公共设施。公共设施企业也应着手无障碍设计的实施，促使公共设施升级换代和拓展新的途径。总之，设计应尽量避免和减少不方便因素。休闲设施大多为固定设施，如坐椅等，但应灵活设计，如在便于进退场和疏散的平坦地面留出空地用作轮椅观众席，可灵活升降使用的悬挂式餐桌尤其适用于使用轮椅者。

无障碍建筑物的窗户应低而大，以不遮住轮椅者视线为佳，还应特别注意隔音、防止噪声、避免强光照射，创造一个安静的环境。同时，室外环境也不容忽视，大多数老年人患有关节炎、支气管炎等，且视力逐渐衰退，因此，要求公共环境温暖、舒适和有较高的照明度及良好的通风，其次房门拉手、电灯开关等安排的高度也应低些，尤其是开关位置。

5. 娱乐设施的无障碍设计

能力未健全的儿童是无障碍设计应考虑的重要部分。1987年欧洲消费者联盟指出，欧洲每年因室内事故而夭折的儿童比在车祸中丧生的多1～3倍。据欧洲共同体国家统计，每年在室外致死儿童多达2万人，另有3万儿童终身致残，造成事故的原因是被室外的公共设施、电器、玩具等绊倒或碰撞。

目前，无障碍公共设施不断问世和完善，如手动式厨具系统、升降式浴槽、升降式洗脸盆和马桶等，仅轮椅的控制方式就有电动、手动、指动、气动、肩动、跨动等数十种之多，这一切给残疾人的生活带来了方便。美国奥兰多世界中心的残疾人和能力丧失旅客使用一种特殊的行动指示器，这种特殊的行动指示器既可达到自我服务的目的，也是残疾人与服务中心随时取得联络的通信装置。方便伤、残、老、弱者使用的各种执手、投掷器、开关等辅助机械在其的力度、尺度形状、触感等方面的研究正在广泛而深入地进行之中。

（二）交通设施设备的无障碍设计

1. 道路的无障碍设施设计

由于生理方面的原因,残疾人和能力丧失者希望能与健康人共走一个入口或在同一入口设置专用入口，而比较忌讳走旁门和后门。如设计家贝聿铭设计的美国国家美术馆东馆的正门入口将台阶、坡道、雕塑作了绝妙的结合，使残疾人和能力丧失者也能方便进入。美国国会大厦为避免损害正立面高大台阶的整体效果，特别在侧

 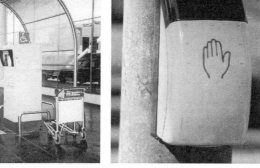 

图 5-12　公共查询器的无障碍设计　　图 5-13　公共交通设施的无障碍设计　　图 5-14　信息设施的无障碍设计

入口处加设长坡道。林肯纪念堂则在台阶基一侧专设通行道，在进入口处可乘电梯到上层大厅。

道路的无障碍通行是连接各地的动脉，其周围的无障碍设施要尽可能齐全，否则对残疾人的室外行为将有极大的影响。道路的无障碍设施设计要符合以下基本要求：

（1）人行道的宽度应设计合理，供小型手摇轮椅通行的路面宽约为 0.65m；由于电线杆、标牌、广告牌等的干扰，影响轮椅的正常通行，因此为了确保有足够通行的宽度，人行道净宽应为 2m 左右，尽可能让两台轮椅通行。

（2）为减少人行道与机动车车道的段差，方便轮椅的通行，常在十字路口、街道路口等构筑不同形式的缘石坡道，缘石坡道的表面应稍保持粗糙，寒冷地区还应考虑防滑措施。

（3）人行道通行的纵断面坡度应小于20度，如果大于这一坡度则要控制纵断面的长度，以减少人行走的劳累，同时还应增加地面的防滑措施。

（4）在人行道中部应铺设盲道，利用地面微微凸起的部分，引导盲人行走。

（5）在人行道的坡道处或红绿灯交通信号下应设置盲人专用按钮和音响指示设施。

（6）人行天桥和地下通道台阶踏步的高度不得大于 0.15m，宽度不小于 0.3m，每个梯道的台阶级数不应超过 18 级，梯道之间应设置宽度不小于 1.5m 的平台，其两侧应安装扶手，扶手要坚固并能承受一定重量，同时要易于抓握。

（7）建筑出入口，如美术馆、大厦宾馆、银行等入口处在同一立面上应设置供残疾人专用的坡道，坡道宽度约为 1.35m，出入口应留有长约 1.5m、宽约 1.5m 的空间供轮椅回转，门开启后应留有不小于 1.2m 的轮椅通行净距，门开启的净宽度不小于 0.8m，不可使用旋转门、弹簧门等不利于残疾人使用的设施。

（8）现在很多城市设有残疾人街道，还有专用箱式升降电梯方便残疾人的轮椅出入。

2. 楼梯、走道设施设计

第五章　城市管理及无障碍设施的设计

每级楼梯高度控制在10~15cm左右，梯段高度180cm以下较为适宜，楼梯踏步数三级以上需设两侧扶手，宽度大于300cm时，需加设中间扶手。此外，踏步的凹槽常会刮掉手杖的防滑橡皮头而给使用者带来诸多不便和危险，无踢板、无防滑条的楼梯也不利于持杖者的安全。

走道宽度视建筑物内的人流情况而定，一般内部公共走道宽为135cm、180cm、210cm不等。国外无障碍走道地面铺设特殊肌理的材料，可为盲人、弱视者导向。楼梯、电梯和柱角端等处设护角条，另可辅以识别性较强的诱导材料，提醒和警告视力和体力欠佳者引起他们的注意。西方发达国家的基本做法是，对人行道的交叉转折处、车行道坡度、道路的小处设施、绿化、排水口、标牌、灯柱等都做出妥善处理，免除无端的凸出产生障碍，以提供最大限度的安全服务。日本的每条街道和地铁出入口都有盲人专用的路线，由30×30cm方形地砖构成，地面的线状和点状标识用以指示盲人前进方向或转弯、注意等。1975年日本警察署公布了全国统一的视觉残疾者的信号装置，红绿灯下设有盲人专用按钮，盲人过马路时只要按下专用按钮，过往车辆都会停下来让道，在有的路段还设置音响指示设备。在美国跨越城市干道的人行天桥上，同时设置楼梯和电梯，过往行人都能择其所需方便上下；上层天桥又分别与众多商业办公设施甚至与街心花园的地上层面互相连接，从而形成复合式的无障碍通行体系。

3. 停车场的无障碍设施设计

残疾人和能力丧失者在进入公共建筑物或住宅前，需将所乘三轮车换成轮椅，这就要求在公共建筑物或住宅入口处设置一定数量的专用停车场所，且尽量靠近建筑入口，同外通道相连并辅以遮雨设施。

4. 运输工具无障碍设施设计

早在20世纪70年代末期，美国波音飞机公司就已着手探讨客机本身的无障碍技术，如考虑残疾人和能力丧失者的使用，确定最小通行宽度，为残疾人和能力丧失者设置专座，改进卫生间门的开启方向(式)或设置特殊的机上轮椅等。许多客机、渡轮都开始按无障碍技术的新要求设计、改装和生产。各类码头、火车站、航空港、地铁站等的内外通行以及其他与运输工具的衔接口也都必须消除全部障碍。美国许多公共汽车经特殊设计或改装后供方便疾者和能力丧失者使用，该类车辆在车门处均有简易升降台方便残疾人上下车，车内设置轮椅专席及各种特殊的安全固定装置，并设置了特殊的站台标牌和方便残疾人和能力丧失者使用的停靠空间等。

据世界人口组织估计，残疾人的比例占人口总数的10%。据1988年抽样调查，我国约有5164万残疾人，另据1982年第三次全国人口普查提供的资料表明，我国目前60岁以上的老年人占总人口的7.42%，预计到2025年将达到19.34%，即每5人中就有一位是老年人。按照联合国有关规定，60岁以上人口占10%即为老龄型国家的标准，新世纪初我国已进入老龄化国家的行列。由于我国人口众多、基数大，所以无论现在还是将来，我国老年人口总数始终位于世界各国的首位。老年生物学和老年流行病专家的研究表明，衰老、残疾是客观属性，任何一个无战争、无大规模暴

图5-15 公共交通的导盲设施设计　　图5-16 公共交通设施的楼梯踏步设计

图5-17 公共设施电梯间的无障碍设计　　图5-18 自动取款机的无障碍设计　　图5-19 公共设施电话亭的无障碍设计

力和无经济危机及严重自然灾害的国家和地区，人口老化的趋势也是突出的。人进入老年后的体能明显下降，这给业已存在的环境障碍增添了新的难度，矛盾将更加尖锐。如何使残疾人和能力丧失者更多地享受健全人具有的权益和生活意趣，需要全社会的关心帮助。

二、国际康复协会无障碍设计的标准

1．入口处设置取代台阶的坡道；
2．门宽在90cm以上，采用旋转门的场所需另设残疾人入口；
3．走廊宽在130cm以上；
4．厕所内应设置有扶手的坐式便器，隔断门应做外开式或推拉式，以保证内部空间方便轮椅出入；
5．电梯入口宽在80cm以上。

凡达到上述标准的建筑，即为最基本的无障碍建筑，可在其显著位置悬挂国际无障碍标志。以前仅以占人口多数的健康成年人作为对象进行公共设施设计是不全面和不公平的，应将全体公民都能利用作为设计的标准。无障碍设计的实施不但是衡量整个国家整体物质水平的标志，而且也体现了国家的精神文明的程度。无障碍设计及技术的开发和实施需要多方面的参与和配合，它是立法、标准、教育、科研、咨询、监督、管理、企业部门和学科共同协调的综合性工作。无障碍设计的实施将有力的说明人类的智慧和当代工业文明不会奴役人类自身，它是物为人用、以人为本设计宗旨的集中体现。

人类有五大需求，即生理需求、安全需求、社交需求、尊重需求和自我实现的需求，公共环境中的公共设施也应满足残疾人这五大需求，这样才能真正实现一个积极向上、以人为本的健康社会。随着老龄化社会的到来，城市规划建设应使残疾人和老年人更多地享受平等的权利和生活情趣，并最大限度的满足残疾人和老年人、能力丧失者的需求。环境中的无障碍系统设计涉及交通、卫生、信息等生活的各个方面，它体现了社会对这一群体的关心和社会的进步。

第三节 创造卫生、健康、安全、文明的城市环境

城市是人们居住、生活的环境空间，城市的规划建设应以人为本，在顺应经济发展的同时要加强对人情感的关注。城市管理设施的多样性、社会化能充分体现一个城市的魅力。

一片绿阴、几个座椅、一个休息廊亭、几个垃圾箱或一组指示牌，在提供人们生活方便的同时，也让人能够停留赏景、休息、交流。尽管城市公共设施的设计有时间性和地域性的局限，还有其他因素的干扰，但它们的动态设计在与环境的有机协调中创造了卫生、健康、安全、文明的环境，为发展城市文化、维护公众权益起着铺垫与促进的作用。

一、城市环境的空间构成

城市给人最强烈、最直观的印象来自于它给人们的视觉感受，那些富有特色的街道、广场、建筑，以及独具个性的艺术景观、公共场所、公共建筑群等，常常让人留连忘返。城市有形的物质文化积淀，无形的精神特质，多姿多彩的市民生活将共同构筑城市环境空间的活力。

随着城市化进程的发展，城市的空间构成与区域划分越来越丰富，显示出各自不同的环境特征，如步行街、文化广场、居住社区、高速公路等，并与周边环境产生各种联系，形成了不同风格的小区域。城市中独具个性的公共空间、意境隽永的公共艺术与浓厚的人文气息，常常引起人们的关注并留下深刻的记忆。而与之相匹配的各种卫生与休息服务设施虽然体量小、不起眼，然而在陶冶大众情操、昭示和传扬城市风采中，却默默的以特有的气质发挥作用，并以其自身的造型、色彩、质地、肌理丰富着城市的环境，以尺度、位置的变化满足人们室外活动的需求。

从一定意义上说，城市的公共空间很大部分是由"线"与"点"两种类型构成的。"线"包括一系列人流与车流的路线网，如街道、人行道、台阶、小巷等，引导人们的行动，提供车辆通行的方便，有助于人们在行动中确定方向与寻觅道路。"点"是指

图 5-20 公共设施保险柜与电话亭的组合设计

图 5-21 公共设施保险柜的设计

图 5-22 公共环境空间的综合设施设计

图 5-23 城市公共服务设施的售货亭设计

供"线"上的车辆和行人停留的一些节点，如公共汽车站、道路交汇处、绿化休息场所等。"线"与"点"在环境中相辅相成、共同作用，只是不同的环境有不同的物质构成。如人行道为主体的环境空间，以路面、道路绿化、残疾人通道、路标、交通信号、人行天桥等为构成主体，成为以"线"为主的环境系统。但光有"线"不够，还需在"线"上设置一定的连续的"点"，为在"线"上活动的人们提供方便，如卫生系统的公共厕所、饮水器、洗手池、垃圾箱等，还有休息系统的公共座椅，挡风避雨的凉亭廊道、服务系统的街头售货亭等，为人们提供着各种服务。公共卫生和休息服务设施与城市环境各个区域的关系应该是有机的、积极的、恰当的，体现其实用功能与场所审美功能的统一，而不是硬性的添加和堆砌，在其为公众服务的过程中产生与公众思想及行为的交流、共鸣，而不是与环境的不和谐。

二、公共环境空间与人行为的关系

空间，如果不与人的行为发生关系，便不具备任何实际的意义，因为它只是一种功能的载体。人的行为如果没有空间环境作背景，没有一定的氛围条件也不可能产生。空间与行为的结合构成了为人使用的场所，以适应人们各种不同的行为，只有这样空间才具有真正的现实意义。

作为公共环境，需要考虑空间与人的关系，如城市道路两旁是否适宜安置公共艺术品，是否适宜安置公共设施，是否与人们的活动方式达到良好的亲和关系，关键在于道路两旁是否留有相应的空间。当人们能够在沿街商店、酒吧外拥有一定的休息娱乐、餐饮聚会和观赏街景的空间，能够在道路旁绿意盎然的半围合空间自由地逗留、交谈，这不仅方便了人们的城市生活，同时也繁荣了城市的商业经济，还营造了轻松、平等、亲切的街道文化氛围。城市广场应根据所在城市的人口数量、城市居民的文化习性、周边建筑的环境及自然地理条件考虑广场的特性，而不是盲目追求广场尺度的宏大、项目的齐全及设施的排场。因为广场的价值在于对城市空间节奏的调节，对交通的疏导与对公众的吸引，使公众在此公共空间中能释放自己的情感，满足自己的需求并留连其间，体会在私人庭院无法体验到的氛围与情感。广场空间的不同尺度、不同环境，应当为人们的室外生活增添快乐、便利与精彩。无论是广场还是广场的入口处，公共卫生与休息服务设施的布局都应到位，以创造亲和性的大众广场。广场倘若布局简单，缺少可供活动和休息的设施，纵使面积再大也无法与人们的室外活动相融合。

人在城市环境的各个空间、场所中的行为呈现复杂性，既有不定性又有随机性，既有一定的规律又有较大的偶发性，所以研究公共环境的空间、场所与人的行为特征，是公共环境设施设计的前提。

三、公共环境中人的心理活动与行为活动

1. 人在公共环境中的活动表现主要有两类：心理活动和行为活动。心理活动是指人们对环境的认知与理解；行为活动是指人们在环境中的动作行为，这与他们对环境的态度和价值判断有关。所以，环境心理学与公共设施的设计有着密切的关联。

2. 人对环境的要求包含两个层面，一是适应生存，即环境的舒适，设备的齐全，并使公共设施均能发挥其使用功能。尽管从物质层面而言这是低层次的，但这正是环境系统设施设计的本质体现。二是体验美感，即构成环境设施的种种艺术语言、形式、手法等相互关系所形成的审美意趣。设施的造型、色彩、空间、材料、位置、肌理等蕴含着人对环境的知觉与情感的信息，使人在活动中得到各种心理的满足和精神上的享受，只有这样才能激起人们对新环境的追求。城市公共设施的造型一般比较直观，让人一目了然，勿需更多的理性思考便可直接作出反应，这是公共设施的表面属性。然而它与周边环境的结合所创造的环境气氛、环境情调等，却能唤起人们强烈的心理反映，并在服务于人、方便于人的前提下，成为人们室外活动不可缺少的"城市家具"。

3. 人在环境中的行为活动可分为主动行为和被动行为，不同的环境空间都须满足人们寻求各种体验的内心需求，它们包括：
① 生理体验：体能锻炼、呼吸新鲜空气等。
② 心理体验：缓解工作压力，追求宁静、松弛、赏心悦目的愉快感等。
③ 社交体验：交流、发展友谊、自我表现等。
④ 知识体验：学习历史、文化、认识自然现象等。
⑤ 自我实现的体验：发现自我价值，产生成就感及归属感等。

图5-24 城市公共环境设施的景观设计　　图5-25 城市公共环境设施的静态空间

人们对环境的感受,可以不经逻辑推理只凭直觉,或按个性、心理需求而对空间作出回应。感觉这个空间适于休息、逗留、亲切、安全和稳定,或者感觉这个空间与个人的文化、社会地位相称,都能体现自身的价值,得到心理的满足,是一个从局部、个体、整体领域的认知过程。当环境设施与空间中的经济、社会、文化环境等因素相结合时,当人们潜在的各种行为意识(自我表现、思想交流、文化共享)得到一定满足时,公共设施就与人们的心理反应产生共鸣,得到人们的认同与赞美。

在公共环境中,有些人的行为对环境设施造成不同程度的破坏。有时恰恰是设计的错位导致人们不文明行为的产生,如在人流量大的场所缺少必需的垃圾箱,在交通繁忙的马路中设置太长的护拦路障,虽保证了车辆行驶但行人穿越极不方便,以致出现翻越栏杆等现象造成交通的安全隐患。所以,通过研究公共环境中人的心理活动与行为活动,才能为寻求更为合理的设计方案打下基础。

四、城市形象的静态识别

现代科技越发展城市历史文化的价值越受到重视,这是现代人的心理反差。对环境的理解与把握,其依据正是来自文化的积淀。人的视觉经验常常有选择性的对某个区域人文社会的动态景观留有深刻的印象,一个城市的历史、文化、宗教、民俗等都通过城市的细节,以其载体的特质来展现独特的魅力。人类从早期的安全需求到后来的文化需求,促使城市的形成,城市形态又提供大量的信息及各种活动,满足人们对文化知识、宗教信仰等方面的追求。

城市在历史的发展中通过具体的视觉化手段,将社会积淀形成的文化变为人们头脑中的记忆,成为可看、可触摸的符号,这是人类在社会历史发展中创造的物质财富与精神财富的综合,也是城市精神文明的物化。国外发达的城市虽然也极其现代与繁华,但其老城区无不散发出甘醇深厚的文化气息,从城市建筑的整体效果到局部的装饰,从雕塑景观到城市公共设施的设计,乃至花草树木都极具秩序与美感。材料、质感、色彩的选择,结构、形态、比例的推敲,从外部总体的形态到每一细节的处理,都显示既能与厚重的历史文化相呼应,又能适应现代文化与生活的需求。在满足居住的前提下,在对人们的审美趣味注入极大关注的同时,需使城市的每一公共角落都充满

第五章 城市管理及无障碍设施的设计　183

文化的韵味，并对这些设施进行精心的维护与设计，不断创造精致、宁静、高品位的环境。

随着经济的发展，城市化的发展进程也越来越快，同时城市的积弊也越来越明显。传统的、地域性的街道体系由于城市的发展逐渐消失，特别是城市的识别性及与公众的亲和性也在逐渐减弱。如何全面提升城市的形象已成为城市参与国际竞争的当务之急，虽然城市形象的识别系统是一个复杂的系统（其内涵极其广泛），但从视觉信息的角度看，进行有组织、有计划的改善，将城市的道路、建筑、公共环境中可见的设施形态，包括色彩、材料、形式风格、标志、象征等，作为城市静态识别系统的载体加以符号化，及时准确地传达城市的文化及城市的发展理念，这无疑是一种有效的信息传递。加拿大部分地方政府机构导入了城市的形象识别体系，并以法令的形式颁布，要求形象识别体系内的机构，主要是企业在实施自己的形象识别体系的时候必须参考政府机构的形象以保持统一，并通过统一形象的符号设施来传递城市的整体形象，这样既提升了城市品牌，又丰富了城市的文化内涵。

五、城市环境的"公共意识"

公共环境是除个人居住或群体拥有的私密空间外的环境。公共环境中的公共设施与人们居住或工作的室内设施不同，室内设施是个人私有的或相应的群体拥有的，由于具私密性，其管理方式与室外的公共设施的管理方式不同，而室外公共环境的设施具公有性，利用这样环境的是不特定的人群。为了营造一个良好的公共环境，公共设施不仅需要有很好的设计体现社会与文化的价值取向，还需有关部门的有效管理，提高人们的道德与艺术修养，提高人们的公共意识。艺术化的、多样性的、多层次的城市环境是时代发展的必然，除了设施整体的视觉效果外，同样包括公共设施设计的丰富、多样性。

城市环境的"公共意识"应是多方面的体现。不同民族、不同宗教信仰、不同社会层次及不同教育背景的人在同一环境中的行为方式或相似或不同，这与他们对环境的知觉、认识、态度及他们的价值观有关。公共设施的设计作为城市环境中的物化产品，应具有与公众产生交流的特性，它不是完全独立的设施不应与公众隔离，而是让公众具有可及性、参与性，甚至能让公众可以攀爬嬉戏、触摸体验，它应是一种生活的艺术体现。公共环境艺术的实现需要两个方面：一是设计，二是使用与欣赏。使用与欣赏制约设计，也是设计的创造基础。对于设计师来说，公共设施就是为公众设计的，它将某种艺术观念转化为公众的审美情趣，将老百姓喜闻乐见的形式融于公共设施的设计中，以突显公共设施的艺术性和公共性。利用其造型、色彩、体量及材料，将大众的审美心理和物质需求作为基点考虑，使设计的人造物与环境和公众产生亲和性。考虑使用与观赏的群体和特定的环境，无论是绿荫、喷泉、公共座椅、垃圾箱，还是候车亭、休息廊道，这些都是城市公共环境系统中的重要组成部分，使这些设施在公共环境中得到公众的认同和平等的参与、共享与互动中得到满足。

图 5-26　城市公共环境设施的宗教文化背景

图 5-27　城市公共环境设施的共享空间

图 5-28　城市公共环境的商业空间设施

图 5-29　城市公共环境的标示设施设计

我国人口众多，长期以来由于只重视知识的普及，对于更高层次的人文教育与公共意识的教育非常欠缺。人们的环境意识随着近几年城市的发展在不断觉醒，城市的公共环境也在不断改善。公共设施在新时期开放的环境中更能起到道德启示与检测的作用，如许多城市早些年为整治脏、乱、差，现在街头巷尾摆放花木，当破坏花木的不文明行为出现时，会遭到很多人的批评。现在爱护花草、保护自然环

图 5-30　城市公共环境的休闲设施设计

境已成为绝大多数人的自觉行为，公众间的互相警示与监督得到了加强，这无疑启发并推动了公众的公共意识。在多元化社会及多元化的城市格局中，公共设施的艺术化处理便意味着在社会空间中的"寓教于乐"功能的发挥。当它们与特定的环境产生固定关系时，便增强了人们的归属感，加强了公共环境设施文化内涵的公共性和公益性。

六、公共设施的设计与管理

近年来，我们传统的街道体系由于城市的开发逐渐在消失，新的城市面貌不断出现。随着东西方文化的交流，东方各国深受西方文化的影响，在城市环境中引进了不少西方式样的公共设施，但必须要有一个基点，即公共设施须适应本国、本民族、本地区的特点，注意因地制宜，因人制宜，避免模仿带来的负面效应。环境的开发与改造除了调动公众对公共设施的关注与参与外，更要使政府管理部门统一认识、加强规划与协作，使环境中的公共设施的设计逐步完善起来。目前还存在许多不协调的现象，如盲目追求时尚对公共设施不加分析与选择的运用，各部门从自身利益出发，随意开沟挖道、铺装水管、埋设电讯管线和随意增添、占用街道等。由于缺乏统一规划，缺乏对城市整体风貌构架的理解与认识，有些公共设施规划的不当造成对原有人文景观的破坏，或因追求高、精、尖而使公共设施成为缺乏个性的"通用标准件"，使环境设施千篇一律、无重点或与景观不协调，造成混乱的局面。

各种公共设施相互依存、相互影响，由于我国各个政府职能部门承担着不同的职责，对环境缺乏统一的规划，彼此缺乏沟通，导致同一环境的公共设施呈现各种面貌，使设计与管理存在很多的不协调。如广场是城市的象征应予以统一规划设计，广场中照明系统应互相配合，根据环境特征以局部照明形成整体性的照明来烘托广场的气氛。但现在路灯、广场灯属城管部门管辖，园林灯、地角灯属园林部门管辖，而广场中的公共厕所、垃圾桶、休息座椅的设置又属环卫部门管辖，售货亭等设施属商业部门管辖，电话亭等设施属信息部门管辖，有的公共设施又与多个职能部门产生联系，不同部门的投资与管理导致规划设计的不统一和设施利用率不高。尽管环境设计越来越受各级政府领导的重视与支持，山水城市、小区规划等一系列计划也在大力宣传，尽管经济的发展也对环境提出了更高的要求，但与平民百姓生活密切相关的环境设施的设计还远远跟不上时代发展的步伐。

城市的发展并非简单的物化，发达国家的城市建设已为我们作出了榜样。从整体的规划设计到各部门的协作意识，以设计师的丰富想像力和各部门的互补精神，使现代环境服务于人并体现时代的气息，更要满足现代人的生活需求。应该说，任何一个公共环境的设计都不是孤立的，它是一个综合的设计过程，是一个有机连贯的组合，是功能与审美的完美交织。

第六章 公共设施与环境艺术图例

图 6-1

图 6-3

图 6-4

图 6-5

图 6-6

图 6-7

图 6-8

图 6-1　半封闭式电话亭设计
图 6-2　开放式电话亭设计
图 6-3　公共设施打卡机的局部设计
图 6-4　公共设施广告牌设计
图 6-5　公共设施垃圾箱设计
图 6-6　公共休息设施坐具设计
图 6-7　公共设施电话亭的组合设计
图 6-8　公共设施太阳能电话亭设计

图 6-9

图 6-10

图 6-11

图 6-12

图 6-13

图 6-14

图 6-15

图 6-9　公共卫生设施垃圾箱设计
图 6-10　公共设施自动刷卡机设计
图 6-11　公共健身设施测量秤设计
图 6-12　街边公共休闲设施设计
图 6-13　设施商业展示设计
图 6-14　街边公共设施咖啡吧设计
图 6-15　公共环境设施中的时钟设计

图 6-16

图 6-18

图 6-19

图 6-20

图 6-21

图 6-22

图 6-23

图 6-16　公共设施街心导示牌设计
图 6-17　公共环境设施景观设计
图 6-18　公共照明设施室内灯具设计
图 6-19　公共照明设施室外灯具设计
图 6-20　公共环境设施景观花坛设计
图 6-21　公共电信设施邮箱设计
图 6-22　街心环境设施中的时钟设计
图 6-23　公共电信设施邮箱造型设计
图 6-24　公共电信设施中邮箱的组合设计

图 6-24

图 6-25　　　　　　　　图 6-26　　　　　　　　图 6-27

图 6-28　　　　　　　　　　　　　　　　　　　图 6-29

图 6-30　　　　　　　　　　　　　　　　　　　图 6-31

图 6-32

图 6-25　公共设施中无障碍电话亭的组合设计
图 6-26　公共电信设施中邮箱的设计
图 6-27　公共设施中多功能电话亭的设计
图 6-28　公共信息设施的时钟设计
图 6-29　通信设施中电话亭综合设计
图 6-30　公共设施自动售票机的设计
图 6-31　车站室内电话亭设施设计
图 6-32　具有趣味的公共电话亭设计

图 6—33

图 6—34

图 6—35

图 6—36

图 6—37

图 6—38

图 6—33　多功能影像公共设施设计
图 6—34　人性化取款机设施的设计
图 6—35　公共设施中信息浏览机的设计
图 6—36　公共设施的展示设计
图 6—37　公共设施中导示屏设计
图 6—38　公共设施电话亭的设计
图 6—39　汽车自动打卡机与补气设施设计

图 6—39

图 6—40

图 6—41

图 6—42

图 6—43

图 6—44

图 6—45

图 6—46

图 6—47

图 6—40 公共信息设施导示牌设计
图 6—41 公共设施的邮箱设计
图 6—42 公共设施中车站的综合设计
图 6—43 公共设施的导示牌设计
图 6—44 公共设施中信息牌设计
图 6—45 公共设施车站自动售票机设计
图 6—46 公共设施自动信息浏览机设计
图 6—47 城市公交车站的设施设计

图 6-48

图 6-49

图 6-50

图 6-51

图 6-52

图 6-53

图 6-54

图 6-55

图 6-48　公共设施的导示牌设计
图 6-49　信息设施的广告牌设计
图 6-50　公共设施中信息牌的设计
图 6-51　公共设施中的多功能电话亭设计
图 6-52　车站综合信息设施设计
图 6-53　公共设施中的灯具设计
图 6-54　公共饮水器设施设计
图 6-55　开放式电话亭的组合设计
图 6-56　镶嵌式电话亭的造型设计

图 6-56

图 6-57

图 6-58

图 6-59

图 6-60

图 6-61

图 6-62

图 6-57 公共设施中休闲椅的设计
图 6-58 城市街心休闲设施的设计
图 6-59 公共设施中的喷泉景观设计
图 6-60 公共设施的座椅与花坛的组合设计
图 6-61 公共设施中凉亭与围栏的设计
图 6-62 城市街道的公共休息设施设计
图 6-63 公共电话亭的设施设计

图 6-63

图 6-64

图 6-65

图 6-66

图 6-67

图 6-68

图 6-69

图 6-64　公共环境中游乐设施的设计
图 6-65　居住小区儿童游乐设施的设计
图 6-66　公共设施中的座凳造型设计
图 6-67　城市街道的公共服务设施设计
图 6-68　公共设施中的绿色设计
图 6-69　公共休息设施廊棚的生态设计
图 6-70　公共设施伞亭的造型设计

图 6-70

图 6-71

图 6-72

图 6-73

图 6-74

图 6-75

图 6-76

图 6-77

图 6-71　公共环境中休闲设施的设计
图 6-72　公共休息设施廊棚的生态设计
图 6-73　公共服务设施中的售货亭设计
图 6-74　公共环境中的自行车架设施设计
图 6-75　公共设施中车站的空间设计
图 6-76　公共设施中售货亭的造型设计
图 6-77　公共汽车站的简洁造型设计

图 6-78

图 6-80

图 6-81

图 6-82

图 6-83

图 6-78　公共设施廊棚的绿色设计
图 6-79　公共管理设施的岗亭设计
图 6-80　公共设施信息服务中心设计
图 6-81　公共卫生设施可移动厕所的设计
图 6-82　公共卫生设施厕所的组合设计
图 6-83　公共环境中饮水设施的造型设计
图 6-84　公共厕所的整体环境造型设计

图 6-84

图 6—85　公共设施公交车站的设计
图 6—86　公共设施楼梯走廊的设计
图 6—87　公共设施广告牌与座椅的设计
图 6—88　公共卫生设施可组合的厕所设计
图 6—89　公共卫生设施灭烟器的设计
图 6—90　具有个性的公共厕所的外部造型设计
图 6—91　公共厕所的内部环境造型设计
图 6—92　公共厕所的识别标志设计

图 6—85

图 6—86

图 6—87

图 6—88

图 6—89

图 6—90

图 6—91

图 6—92

图 6-93

图 6-94

图 6-95

图 6-96

图 6-97

图 6-98

图 6-99

图 6-93　公共设施路障的设计
图 6-94　公共环境设施的综合设计
图 6-95　公共设施景观的空间设计
图 6-96　公共环境景观设施的雕塑设计
图 6-97　公共设施杂物架的造型设计
图 6-98　公共环境中的园林小品设计
图 6-99　公共环境的店面招牌的造型设计
图 6-100　公共设施的喷水景观设计

图 6-100

图 6-101

图 6-102

图 6-103

图 6-104

图 6-105

图 6-106

图 6-107

图 6-101　城市公共环境的景观设施设计
图 6-102　公共设施街心路标导示的设计
图 6-103　公共设施景观围廊的空间设计
图 6-104　公共环境设施长廊的透视设计
图 6-105　公共小区的路障设施设计
图 6-106　公共环境中的指示牌设计
图 6-107　公共环境的路标导示牌设计

图 6—108

图 6—110

图 6—109

图 6—111

图 6—112

图 6—113

图 6—108　街边公共休闲设施设计
图 6—109　公共设施自动刷卡机的组合设计
图 6—110　路边停车场自动刷卡机设计
图 6—111　公共设施船舶停靠码头的设计
图 6—112　公共设施的指示牌设计
图 6—113　街边的自行车架设施设计
图 6—114　公共环境中信息设施设计

图 6—114

图 6—115

图 6—116

图 6—117

图 6—118

图 6—119

图 6—120

图 6—121

图 6—115　城市公共环境的娱乐设施设计
图 6—116　公共信息查询导示设施设计
图 6—117　公共设施店面门廊的空间设计
图 6—118　公共环境店面门廊的组合设计
图 6—119　公共小区的雕塑艺术设施设计
图 6—120　公共环境中景观小品的设计
图 6—121　公共环境的售票厅设施设计

图6—122

图6—123

图6—124

图6—125

图6—126

图6—127

图6—122　旅游环境的休闲室外茶座设计
图6—123　公共设施景观的空间设计
图6—124　城市公共环境的景观设施设计
图6—125　城市公共环境的路障设施设计
图6—126　公共环境中机场的标识设计
图6—127　公共环境的景观小品的设计
图6—128　城市公交车站的设施设计

图6—128

图6—129　城市环境中报亭与指示牌设计
图6—130　公共环境室外餐饮设施
图6—131　公共环境宠物卫生设施设计
图6—132　公共环境休息厅的照明设施
图6—133　公共环境的景观小品设计
图6—134　公共自动售报机的设施设计
图6—135　街边自动售报机的设施设计

图6—129

图6—130

图6—131

图6—132

图6—133

图6—134

图6—135

图6-136

图6-137

图6-138

图6-139

图6-136　公共环境中的轮椅设施设计
图6-137　机场公共休息厅的座椅设计
图6-138　公共环境的自行车架设施设计
图6-139　机场公共休息厅的照明设计
图6-140　公共室内电话机设施设计
图6-141　公共环境信息牌设施设计
图6-142　公共休息厅的座椅与环境设计

图6-140

图6-141

图6-142

图 6—143　公共环境卫生间的盥洗设施设计
图 6—144　公共环境中的饮水机设计
图 6—145　公共环境机场验票机设施设计
图 6—146　公共环境中的广告牌设施
图 6—147　公共设施自动取款机设计
图 6—148　公共吧厅的展示设施设计
图 6—149　公共环境中的饮水器的设计

图 6—143

图 6—144

图 6—146

图 6—145

图 6—147

图 6—148

图 6—149

图 6-150　　　　　　　　　　　　　　　　　　　图 6-151

图 6-152　　　　　　　　　　　　　　图 6-153

图 6-154　　　　　　　　　　　　　　图 6-155

图 6-150　广告信息牌的公共设施设计
图 6-151　公共环境设施自动查询机设计
图 6-152　公共环境设施的自动出票机设计
图 6-153　公共设施的书籍展示架设计
图 6-154　多功能自动信息查询机设计
图 6-155　组合式电话间的公共设施设计
图 6-156　城市环境的交通图自动查询机设计

图 6-156

图 6—157　　　　　　　　　　　　　　　　　　图 6—158

图 6—159　　　　　　　　　　　　　　　　　　图 6—160

图 6—157　公共网络信息服务设施设计
图 6—158　综合性电信服务设施设计
图 6—159　多功能饮水器设施设计
图 6—160　为残疾人设计的公共电话设施
图 6—161　城市公共环境的售货亭设计
图 6—162　公共环境的自主售货机设施设计
图 6—163　公共环境中的购物娱乐设施

图 6—161

图 6—162　　　　　　　　　　　　　　　　　　图 6—163

图6-164

图6-165

图6-166

图6-167

图6-164　城市公共环境的景观设施设计
图6-165　公共小区的健身娱乐设施设计
图6-166　具有特色的公共设施景观空间设计
图6-167　城市公共环境的路障设施设计

后记

　　本书是对公共环境设施艺术设计理论与实践的阐述，主要内容包括公共设施的概念、创意思维、创意方法及设计素材，为广大环境艺术设计师、大专院校环境艺术专业的教育工作者及该专业的学生提供了学习与参考的教材。

　　非常感谢远在澳大利亚的吴俊国女士为此书提供的信息与资料，感谢中国建筑工业出版社和编辑在编写过程中所给与的帮助与指导。

编者
2006年10月

参考文献

1. 曹瑞忻 编著 《城市公共环境设计》 新疆：新疆科学技术出版社 2004年10月第一版
2. 俞英 著 《设施空间畅想》 北京：中国建筑工业出版社 2003年10月第一版
3. 吴翔 编著 《产品系统设计》 北京：中国轻工业出版社 2000年6月第一版
4. 周美玉 编著 《工业设计应用人类工程学》 北京：中国轻工业出版社 2001年2月第一版
5. 钱健 宋雷 编著 《建筑外环境设计》 上海：同济大学出版社 2001年3月第一版
6. 刘森林 著 《公共艺术设计》 上海：上海大学出版社 2002年2月第一版
7. 濮苏为 著 《创意与表现——现代环境艺术设计》 西安：西安交通大学出版社 2002年11月第一版